高等职业技术教育机电类专业系列教材

电 路 基 础

主　编　康　健
副主编　申凤琴　张世忠
参　编　曹光华　王戈静

机 械 工 业 出 版 社

本书是根据教育部制定的《高职高专教育专业基础课程教学大纲》和《高职高专教育专业人才培养目标及规格》而编写的高等职业技术教育机电类专业规划教材。本书共分为八章，内容包括电路的基本概念和基本定律、直流电路和交流电路的一般分析方法、三相电路、非正弦周期电流电路、动态电路、磁路和变压器等。带＊号部分为拓深、拓宽内容，教学时可根据实际情况决定内容的取舍。每章后面都配有一定数量的思考题与习题。

本书可作为高等职业技术院校、高等专科学校等电类各专业的电路基础课程教材，也可作为从事电类工程技术人员和自学者的自学用书和参考书。

为方便教学，本书配有实验指导书、习题集及题解和免费电子教案，凡选用本书作为教材的学校，均可来电索取，咨询电话：**010-88379564**。

图书在版编目（CIP）数据

电路基础/康健主编．—北京：机械工业出版社，2007.2（2023.1 重印）

高等职业技术教育机电类专业系列教材

ISBN 978-7-111-20879-2

Ⅰ. 电… Ⅱ. 康… Ⅲ. 电路理论—高等学校：技术学校—教材 Ⅳ. TM13

中国版本图书馆 CIP 数据核字（2007）第 017325 号

机械工业出版社（北京市百万庄大街 22 号　邮政编码 100037）
策划编辑：于　宁　责任编辑：曲世海　版式设计：冉晓华
责任校对：申春香　封面设计：鞠　杨　责任印制：单爱军
北京虎彩文化传播有限公司印刷
2023 年 1 月第 1 版第 12 次印刷
184mm×260mm·10.5 印张·257 千字
标准书号：ISBN 978-7-111-20879-2
定价：35.00 元

电话服务　　　　　　　　　网络服务
客服电话：010-88361066　机　工　官　网：www.cmpbook.com
　　　　　010-88379833　机　工　官　博：weibo.com/cmp1952
　　　　　010-68326294　金　书　网：www.golden-book.com
封底无防伪标均为盗版　机工教育服务网：www.cmpedu.com

前　言

本教材是根据教育部最新制定的《高职高专教育专业基础课程教学大纲》和《高职高专教育专业人才培养目标及规格》而编写。根据教育部关于高职高专是以培养技术应用型专门人才为根本任务和适应社会需要为目标的精神，原来采用的高职高专同类教材很多地方已不合适，存在知识结构不合理，内容陈旧繁复。另外在能力培养和综合素质教育方面，都与高职高专教育的实际情况不相协调。广大教师在选用教材时，都感到现有同类教材存在许多不足之处。为此我们组织长期从事电路基础课程教学的教师编写了本教材，包括实验指导书、习题集及题解和电子课件，可供高职高专电类各专业教学使用。

本书共分为八章，内容包括电路的基本概念和基本定律、直流电路和交流电路的一般分析方法、三相电路、非正弦周期电流电路、动态电路、磁路和变压器等。带 * 号部分为拓深、拓宽内容，各院校可根据实际情况决定内容的取舍。

本教材的特色：

1) 以培养具有必备的理论知识和较强的实践能力，适应生产一线急需的高等技术应用型专门人才为指导思想。

2) 从高等职业教育的实际出发，明确编写的指导思想和教学特色，以应用为目的，以必要、够用为度，以讲清概念、强化应用为重点。

3) 注重概念清晰、准确，对基本定律、定理和分析方法作简明论述。

4) 简化理论推导过程，通过实例来说明解题的方法及理论的应用，培养学生应用理论分析问题和解决问题的能力。

5) 注重新老内容的结合，在阐述基本理论的同时，保留精典，并增加新的技术知识，以培养学生应用现代技术解决问题的能力。

本教材从高等职业教育的培养目标出发，力图做到基本概念清楚，注重理论联系实际，精选有助于建立概念、掌握方法、联系实际应用的例题和习题，各章目的要求明确，语言力求简练流畅。本书各章都有小结，并配有适量的思考题与习题；书后附有答案，以便自学。

本书由西安理工大学高等技术学院康健任主编，提出全书的总体构思和编写题纲，并编写第7、8章；申凤琴任副主编，并编写第1、2章；张世忠任副主编，并编写第4、5章；安徽机电职业技术学院曹光华编写第3章，四川仪表工业学校王戈静编写第6章，全书由康健统稿。西安理工大学高等技术学院信息与控制工程系电气教研室的全体教师对全书进行集体讨论、认真审阅，提出了许多宝贵意见，在此表示衷心的感谢。

编写本教材时，查阅和参考了众多书籍，得到了许多教益和启示，在此向参考书的作者致以诚挚的谢意。

为方便教学，本书配有实验指导书、习题集及题解和免费电子教案，凡选用本书作为教材的学校，均可来电索取，咨询电话：010-88379564。

限于编者水平，书中难免有不足甚至错误之处，恳请读者批评指正。

编　者

目　录

第 1 章

电路的基本概念和基本定律

学习目标

本章主要介绍电流、电压的参考方向及关联参考方向，电功率的计算，理想电路元件和基尔霍夫定律。

1.1 电路和电路模型

1. 实际电路

电路是各种电气元器件按一定的方式连接起来的总体。在人们的日常生活和生产实践中，电路无处不在。从电视机、电冰箱、计算机到自动化生产线，都体现了电路的存在。

最简单的电路实例如图 1-1 所示：用导线将电池、开关和白炽灯连接起来，为电流流通提供了路径。电路一般由三部分组成：一是提供电能的部分称为电源；二是消耗或转换电能的部分称为负载；三是连接及控制电源和负载的部分如导线、开关等称为中间环节。

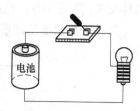

图 1-1 简单电路实例

2. 电路模型

一个实际的元器件，在电路中工作时，所表现的物理特性不是单一的。例如，一个实际的线圈，当有电流通过时，除了在线圈的周围产生磁场，有电感的性质之外；还兼有对电流的阻碍作用，即电阻的性质；同时在各匝线圈间还存在电场，因而又兼有电容的性质。如图 1-2 所示。

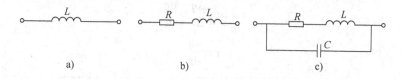

图 1-2 实际线圈在各种条件下的电路模型

为了便于对电路进行分析和计算，常把实际元器件加以近似化、理想化，在一定条件下忽略其次要性质，用足以表征其主要特征的"模型"来表示，即用理想元器件来表示。例如，"电阻元件"就是电阻器、电烙铁和电炉等实际电路元件的理想元件，即模型。因为在低频电路中，这些实际元件所表现的主要特征是把电能转化为热能，用"电阻元件"这样一个理想元件来反映消耗电能的特征。同样，在一定条件下，"电感元件"是线圈的理想元件,"电容元件"是电容器的理想元件。

用理想元器件及其组合来代表实际电路元器件,与实际电路具有基本相同的电磁性质,称为实际电路的"电路模型"。

电路模型是由理想电路元器件构成的。图 1-3 是图 1-1 所示实际电路的电路模型。

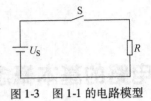

图 1-3　图 1-1 的电路模型

1.2　电路中的主要物理量

研究电路的基本规律,首先应掌握电路中的主要物理量:电流、电压和电功率。

1. 电流的概念及其参考方向

电流是电路中既有大小又有方向的基本物理量,其定义为在单位时间内通过导体横截面的电荷量。

电流主要分为两类:一类为大小和方向均不随时间变化的电流叫做恒定电流,简称直流(简写 DC),用大写字母 I 表示。另一类为大小和方向均随时间变化的电流叫做变化电流,用小写字母 i 或 $i(t)$ 表示。其中在一个周期内电流的平均值为零的变化电流称为交变电流,简称交流(简写 AC),也用 i 表示。

几种常见的电流波形如图 1-4 所示,图 1-4a 为直流,图 1-4b、c 为交流。

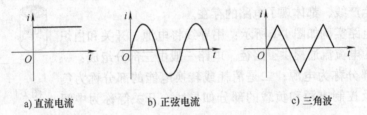

a) 直流电流　　　　b) 正弦电流　　　　c) 三角波

图 1-4　几种常见的电流波形

对于直流,若在时间 t 内通过导体横截面的电荷量为 Q,则电流为

$$I = \frac{Q}{t}$$

对于交流,若在时间 Δt 内通过导体横截面的电荷量为 Δq,则电流瞬时值为

$$i = \lim_{\Delta t \to 0} \frac{\Delta q}{\Delta t} = \frac{dq}{dt}$$

即

$$i = \frac{dq}{dt} \tag{1-1}$$

电流的单位为安培(A),常用单位还有千安(kA)、毫安(mA)和微安(μA)。

$$1kA = 10^3 A \quad 1mA = 10^{-3} A \quad 1\mu A = 10^{-6} A$$

电流的实际方向规定为正电荷运动的方向。

在分析电路时,对复杂电路由于无法确定电流的实际方向,或电流的实际方向在不断地变化,所以引入了"参考方向"的概念。

参考方向是一个假想的电流方向。在分析电路前,须先任意规定一个未知电流的参考方向,并用实线箭头标于电路图上,如图 1-5 所示,图中框图表示一般的二端元件。**特别注**

意：图中实线箭头和电流符号 i 缺一不可。

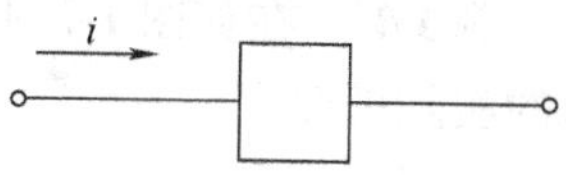

若计算结果(或已知) $i>0$，则电流的实际方向与电流的参考方向一致；若 $i<0$，则电流的实际方向和电流的参考方向相反。这样，就可以在选定的参考方向下，根据电流的正负来确定出某一时刻电流的实际方向。

图 1-5　电流的参考方向

2. 电压的概念及其参考方向

(1) 电压　电压是电路中既有大小又有方向(极性)的基本物理量。直流电压用大写字母 U 表示，交流电压用小写字母 u 表示。

对直流电路，若电场力将单位正电荷 Q 从 A 点移动到 B 点所做的功为 W，则 A、B 两点之间的电压为

$$U_{AB} = \frac{W}{Q}$$

对交流电路，若电场力将单位正电荷 Δq 从 A 点移动到 B 点所做的功为 Δw，则 A、B 两点之间的电压为

$$u_{AB} = \lim_{\Delta q \to 0} \frac{\Delta w}{\Delta q} = \frac{dw}{dq}$$

即

$$u_{AB} = \frac{dw}{dq} \tag{1-2}$$

若电场力做正功，则电压 u 的实际方向为从 A 点到 B 点。

电压的单位为伏特(V)，常用单位还有千伏(kV)和毫伏(mV)。

$$1kV = 10^3 V \qquad 1mV = 10^{-3} V$$

(2) 电位　在电路中任选一点为电位参考点，则某点到参考点的电压就叫做这一点(相对于参考点)的电位。如 A 点的电位记作 V_A，当选择 O 点为参考点时

$$V_A = U_{AO} \tag{1-3}$$

电压是针对电路中某两点而言的，与路径无关。所以有

$$U_{AB} = U_{AO} - U_{BO} = V_A - V_B \tag{1-4}$$

这样，A、B 两点间的电压就等于该两点电位之差。所以，电压又叫电位差。引入电位的概念之后，电压的实际方向是由高电位点指向低电位点。

在分析电路时，也须对未知电压任意规定一个电压"参考方向"，其标注方法如图 1-6 所示。其中，图 1-6b 所示的标注方法，即参考极性标注法中，"+"号表示参考高电位端(正极)，"−"号表示参考低电位端(负极)；图 1-6c 所示的标注方法中，参考方向是由 A 点指向 B 点。

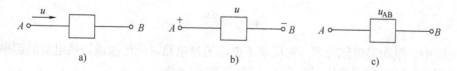

图 1-6　电压"参考方向"的几种标注方法

选定参考方向后，才能对电路进行分析计算。当 $u>0$ 时，该电压的实际极性与所标的参考极性相同；当 $u<0$ 时，该电压的实际极性与所标的参考极性相反。

例1-1 在如图1-7所示的电路中，框图泛指电路中的一般元件，试分别指出图中各电压的实际极性。

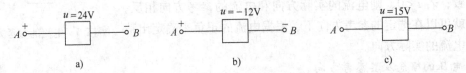

图1-7 例1-1图

解： 各电压的实际极性为：

① 图1-7a，A点为高电位，因$u = 24V > 0$，实际极性与参考极性相同。

② 图1-7b，B点为高电位，因$u = -12V < 0$，实际极性与参考极性相反。

③ 图1-7c，不能确定，虽然$u = 15V > 0$，但图中没有标出参考极性。

当电流的参考方向经过元件从电压的参考高电位指向参考低电位时，称为关联参考方向，反之称为非关联参考方向，如图1-8所示。

（3）电动势 电源内部的局外力（电源力）将正电荷由低电位移向高电位，使电源两端具有的电位差称为电动势，用符号e（或E）表示。

如电池中的局外力是由电解液和金属极板间的化学作用产生的，发电机中的局外力是由电磁作用产生的。

电动势既有大小又有方向（极性）。电磁学中规定电动势的实际方向由低电位指向高电位。电动势和电压的参考方向如图1-9所示。图1-9a、b中，$u = e$，图1-9c中，$u = -e$。

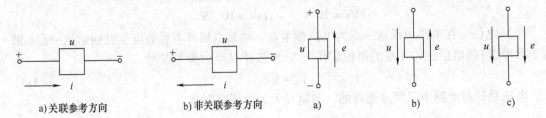

a)关联参考方向   b)非关联参考方向   a)   b)   c)

图1-8 关联与非关联参考方向   图1-9 电动势和电压的参考方向

3. 电功率和电能

（1）电功率 电功率是指单位时间内电路元件上能量的变化量。

对直流电路，
$$P = \frac{W}{t}$$

对交流电路，
$$p(t) = \lim_{\Delta t \to 0} \frac{\Delta w}{\Delta t} = \frac{dw}{dt}$$

即
$$p(t) = \frac{dw}{dt} \tag{1-5}$$

在电路中，电功率简称功率。它反映了电流通过电路时所传输或转换电能的速率。功率的单位是瓦特（W），常用单位还有千瓦（kW）和毫瓦（mW）。

$$1kW = 10^3 W \qquad 1mW = 10^{-3} W$$

将式（1-1）、式（1-2）代入式（1-3），得

$$p = \frac{dw}{dt} = \frac{u dq}{dt} = ui$$

功率是具有大小和正负值的物理量。

在 u、i 关联参考方向下，元件上吸收的功率定义为

$$p = ui \tag{1-6}$$

在 u、i 非关联参考方向下，元件上吸收的功率为

$$p = -ui \tag{1-7}$$

不论 u、i 是否是关联参考方向，若 $p > 0$，则该元件吸收（或消耗）功率；若 $p < 0$，则该元件发出（或供给）功率。

以上有关元件功率的讨论同样适用于一段电路。

例 1-2 试求如图 1-10 所示的电路中元件吸收的功率。

解： ① 图 1-10a，所选 u、i 为关联参考方向，元件吸收的功率

$$P = UI = 4 \times (-3)\,\mathrm{W} = -12\,\mathrm{W}$$

此时元件吸收功率为 $-12\mathrm{W}$，即发出的功率为 $12\mathrm{W}$。

② 图 1-10b，所选 u、i 为非关联参考方向，元件吸收的功率

$$P = -UI = -(-5) \times 3\,\mathrm{W} = 15\,\mathrm{W}$$

此时元件吸收的功率为 $15\mathrm{W}$。

③ 图 1-10c，所选 u、i 为非关联参考方向，元件吸收的功率

$$P = -UI = -4 \times 2\,\mathrm{W} = -8\,\mathrm{W}$$

此时元件发出的功率为 $8\mathrm{W}$。

④ 图 1-10d，所选 u、i 为关联参考方向，元件吸收的功率

$$P = UI = (-6) \times (-5)\,\mathrm{W} = 30\,\mathrm{W}$$

此时元件吸收的功率为 $30\mathrm{W}$。

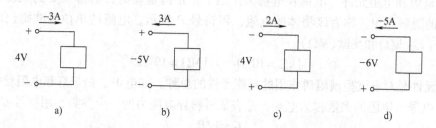

图 1-10　例 1-2 图

（2）电能　电能是指一段时间内电路消耗的功率，用 W（或 w）表示。即

$$W = Pt$$

若功率随时间变化，则

$$w(t) = \int_0^t p\,\mathrm{d}t = \int_0^t ui\,\mathrm{d}t$$

式中，电压、电流为关联参考方向。$w > 0$，吸收电能；$w < 0$，发出电能。

在国际单位制（SI）中，功率的单位为瓦（W），时间的单位为秒（s），电能的单位为焦耳（J）。它等于功率为 1W 的用电设备在 1s 时间内消耗的电能。工程中还常用千瓦小时（kW·h）即度来作为电能的单位。

各种电气设备都有铭牌参数，铭牌参数是用户安全使用电气设备的指南，如额定电压、额定电流和额定功率等。超过额定电压有可能使绝缘损坏，电压过低时功率不足（如照明设

备的亮度变暗）；超过额定功率或额定电流时，会引起设备过热而损坏。

以上所涉及的电压、电流和功率的单位都是国际单位制(SI)的基本单位，在实际应用中，还有辅助单位。辅助单位的部分常用词头如表 1-1 所示。

表 1-1 部分常用 SI 词头

词头名称		符 号	因 数
中 文	英 文		
皮	pico	p	10^{-12}
微	micro	μ	10^{-6}
毫	milli	m	10^{-3}
千	kilo	k	10^{3}
兆	mega	M	10^{6}

由表 1-1 可知，$P = 10^{-12}$，$m = 10^{-3}$，$M = 10^{6}$ 等。实际应用中，注意单位的正确换算。例如，$5mA = 5 \times 10^{-3}A$，$8MW = 8 \times 10^{6}W$。

1.3 电路的基本元件

二端元件是指只有两个端钮和外电路连接的元件。本节讨论电阻元件、电容元件、电感元件、电压源和电流源等理想二端元件。

1. 电阻元件

(1) 电阻和电阻元件 电荷在电场力作用下作定向运动时，通常要受到阻碍作用。物体对电流的阻碍作用，称为该物体的电阻，用符号 R 表示。电阻的单位是欧姆(Ω)，常用单位还有千欧($k\Omega$)和兆欧($M\Omega$)。

$$1k\Omega = 10^{3}\Omega \qquad 1M\Omega = 10^{6}\Omega$$

电阻元件是对电流呈现阻碍作用的耗能元件的总称。如电炉、白炽灯和电阻器等。

(2) 电导 电阻的倒数称为电导，是表征材料导电能力的一个参数，用符号 G 表示。

$$G = 1/R \tag{1-8}$$

电导的单位是西门子(S)，简称西。

(3) 电阻元件上电压、电流的关系 1827 年德国科学家欧姆总结出：施加于电阻元件上的电压与通过它的电流成正比。

如图 1-11 所示电路，u、i 为关联参考方向，其伏安特性为

图 1-11 电阻元件的图形符号及电压、电流参考方向

$$u = Ri \tag{1-9}$$

u、i 为非关联参考方向时，有

$$u = -Ri \tag{1-10}$$

(4) 线性电阻元件和非线性电阻元件 在任何时刻，两端电压与其电流的关系都服从欧姆定律的电阻元件叫做线性电阻元件。线性电阻元件的伏安特性是一条通过坐标原点的直

线(R是常数)，如图 1-12 所示。线性电阻的大小与导体的截面、长度及导体的电导率有关，而与其通过的电流和两端的电压无关。

非线性电阻元件的伏安特性是一条曲线，如图 1-13 所示为二极管的伏安特性。

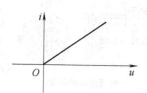

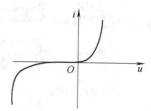

图 1-12　线性电阻元件的伏安特性　　　　图 1-13　二极管的伏安特性

本书只介绍线性电阻元件及含线性电阻元件的电路。为了方便，常将线性电阻元件简称为电阻，这样，"电阻"一词既代表电阻元件，也代表电阻参数。

对于接在电路 a、b 两端的电阻 R 而言，当 $R = 0\Omega$ 时，称 a、b 两点短路；当 $R \rightarrow \infty$ 时，称 a、b 两点开路。

（5）电阻元件上的功率和电能　若 u、i 为关联参考方向，则电阻 R 上消耗的功率为

$$p = ui = (Ri)i = Ri^2 = \frac{u^2}{R} \tag{1-11}$$

若 u、i 为非关联参考方向，则

$$p = -ui = -(-Ri)i = Ri^2 = \frac{u^2}{R}$$

可见，$p \geq 0$，说明电阻总是消耗（吸收）功率，而与其上的电流、电压极性无关。

当 u、i 取关联参考方向时，电阻吸收的电能为

$$w_R = \int_0^t p\,dt = \int_0^t ui\,dt = \int_0^t Ri^2\,dt$$

直流电路中，　　　　　　　$W = P(t-0) = Pt = I^2Rt$

例 1-3　某家用电器，1 小时耗电 0.8 度，工作电压为 220V，求该电器的功率和电阻值。

解：

$$P = \frac{W}{t} = \frac{0.8 \times 10^3 \times 3600}{1 \times 3600}W = 800W$$

$$R = \frac{U^2}{P} = \frac{220^2}{800}\Omega = \frac{48400}{800}\Omega = 60.5\Omega$$

例 1-4　如图 1-11 所示电路，已知电阻 R 吸收的功率为 3W，$I = -1A$。求电压 U 及电阻 R 的值。

解：由于 U、I 为关联参考方向，由式(1-11)得

$$P = UI = U(-1)A = 3W$$

$$U = -3V$$

所以，U 的实际方向与参考方向相反。

因 $P = RI^2$，故

$$R = \frac{P}{I^2} = \frac{3}{(-1)^2}\Omega = 3\Omega$$

（6）电阻器的使用 电阻器的种类很多，按外型结构可分为固定式和可变式两大类，如图1-14所示。若按制造材料可分为膜式（碳膜、金属膜等）和线绕式两类。膜式电阻器的阻值范围大，功率一般为几瓦，金属线绕式电阻器正好与其相反。

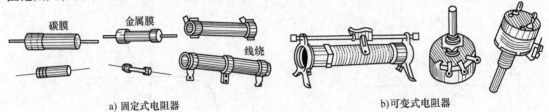

a) 固定式电阻器　　　　　　　　　　b) 可变式电阻器

图1-14　电阻器

电阻器的主要参数有标称阻值、额定功率和允许误差。

标称阻值和允许误差一般直接标在电阻体上，体积小的电阻器则用色环标注。

电阻器的色环通常有五道，其中四道相距较近的作为阻值环，距前四道环较远的那道环作为误差环，如图1-15所示。

阻值环颜色对应的数码如表1-2所示，误差环对应的数码如表1-3所示。

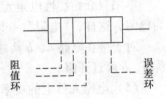

图1-15　色环电阻示意图

表1-2　阻值环颜色对应的数码

颜色	棕	红	橙	黄	绿	蓝	紫	灰	白	黑
数码	1	2	3	4	5	6	7	8	9	0

表1-3　误差环颜色对应的误差

颜　色	金	银	无　色
误差	±5%	±10%	±20%

对五环电阻器，第一、二、三道环各代表一位数字，第四道环则代表零的个数（对金色，×0.1；银色，×0.01），第五道环代表误差环。

若是四环电阻器，则前两环的含义同五环电阻器的前两环的含义，后两环的含义同五环电阻器的后两环的含义。例如某四环电阻器前三道环的颜色分别为黄紫橙，此电阻器为47000Ω。

电阻器的阻值及精度等级一般用文字或数字印在电阻器上，也可由色点或色环表示。对不表明等级的电阻器，一般为±20%的偏差。

常用阻容元件的标称值见表1-4。

电阻器在实际使用时应注意两点：①电阻值应选表1-4所列的系列值；②消耗在电阻器上的功率应小于所选电阻器的额定功率（或标称功率）。

所谓额定功率是指电阻器在一定环境温度下，长期连续工作而不改变其性能的允许功率，如1/4W、1/8W等。

电阻器在电路中的作用：①限制电流；②分压、分流；③能量转换。

表 1-4 常用阻容元件的标称值

E24	E12	E6	E24	E12	E6
允许误差 ±5%	允许误差 ±10%	允许误差 ±20%	允许误差 ±5%	允许误差 ±10%	允许误差 ±20%
1.0	1.0	1.0	3.3	3.3	3.3
1.1			3.6		
1.2	1.2		3.9	3.9	
1.3			4.3		
1.5	1.5	1.5	4.7	4.7	4.7
1.6			5.1		
1.8	1.8		5.6	5.6	
2.0			6.2		
2.2	2.2	2.2	6.8	6.8	6.8
2.4			7.5		
2.7	2.7		8.2	8.2	
3.0			9.1		

2. 电容元件

（1）电容器 电容器是由两个导体中间隔以介质（绝缘物质）组成，此导体称为电容器的极板。电容器加上电源后，极板上分别聚集起等量异号的电荷，带正电荷的极板称为正极板，带负电荷的极板称为负极板。此时在介质中建立了电场，并储存了电场能量。当电源断开后，电荷在一段时间内仍聚集在极板上。所以，电容器是一种能够储存电场能量的元件。

常见电容器的类型如图 1-16 所示。其中，电解电容有"＋、－"极性，在实物上和图

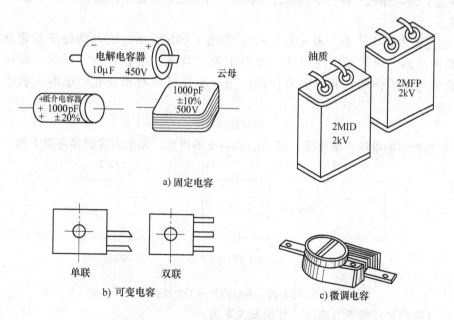

图 1-16 电容器

形符号上都有标注。

（2）电容元件和电容　电容元件是指能够储存电场能量的一种理想元件。电容元件的图形符号如图1-17所示。

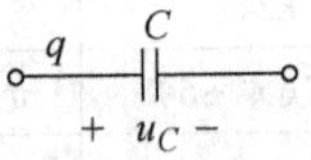

电容元件的电容量简称电容。电容的符号是大写字母 C，其电容量定义为电容器存储的电荷 q 与电容器两端的电压 u_C 的比值，即

$$C = q/u_C \qquad (1-12)$$

图 1-17　电容元件的图形符号

电容的 SI 单位为法拉（F），法拉单位太大，实际应用中常用微法（μF）和皮法（pF）等。

$$1\mu F = 10^{-6}F \qquad 1pF = 10^{-12}F$$

线性电容的大小与极板的面积、极板间的距离及电介质有关。当 C 为一常数，而且与电容两端的电压无关时，这种电容元件就叫线性电容元件，否则叫非线性电容元件。本书只研究线性电容元件。

常将电容元件简称为电容，这样"电容"一词既代表电容元件，也代表电容参数。

（3）电容元件上的电压与电流的关系　如图1-18所示电路中，u、i 选关联参考方向，其伏安关系为

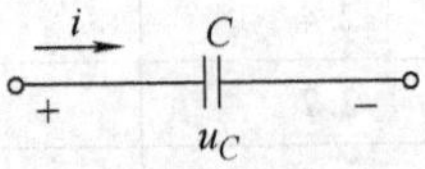

$$i = C \frac{du_C}{dt} \qquad (1-13)$$

图 1-18　电容元件的电压与电流参考方向

电容元件的 u—i 关系说明：

1）在交流电路中，当电容两端的电压发生变化时，即 $du_C/dt \neq 0$，极板上聚集的电荷也相应地发生变化，因此形成了电流；当 $du_C/dt > 0$ 时，$i > 0$，说明此时电容在充电，如图1-19a 所示；当 $du_C/dt < 0$ 时，$i < 0$，说明此时电容在放电，如图1-19c 所示。图1-19a、b 是电路的暂态，即电路从一种稳定状态过渡到另一种稳定状态的中间过程。这种电路将在第7章中讨论。

2）在直流电路中，$du_C/dt = 0$，$i = 0$，如图1-19b 所示。该电路处于稳定状态，此时，电容两端的电压等于电源电压，电路中没有电流，电容相当于开路，即说明电容起隔断直流电流的作用，简称隔直作用。进一步还可以看出，此时电容上吸收的直流功率为

$$P = UI = 0W$$

3）电容两端的电压不能突变，即 $du_C/dt \to \infty$ 不成立。详细内容请参考第7章。

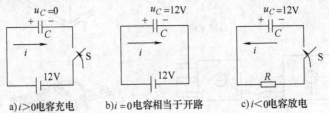

a)$i>0$电容充电　　b)$i=0$电容相当于开路　　c)$i<0$电容放电

图 1-19　电容的三种工作状态

当 u、i 取非关联参考方向时，其伏安关系为

$$i = -C \frac{\mathrm{d}u_C}{\mathrm{d}t} \tag{1-14}$$

（4）电容元件储存的能量　当 u、i 取关联参考方向时

$$w_C = \int_0^t p\mathrm{d}t = \int_0^t ui\mathrm{d}t = C\int_{u(0)}^{u(t)} u \frac{\mathrm{d}u}{\mathrm{d}t}\mathrm{d}t = \frac{1}{2}Cu^2(t) - \frac{1}{2}Cu^2(0)$$

式中，$w_C > 0$，表示吸收能量；$w_C < 0$，表示发出能量。

若电容元件原先未储能，即 $u(0) = 0\mathrm{V}$，则

$$w_C = \frac{1}{2}Cu^2(t) = \frac{1}{2}Cu^2$$

（5）电容器的使用　电容器的额定值主要有电容量、允许误差和额定工作电压(耐压值)。

电容在实际使用时主要应注意以下几点：①电容值应选如表1-4所示的系列值；②实际加在电容两端的电压应不超过标在电容器外壳上的耐压值；③电解电容的极性不能接错。

电容的作用：隔断直流、导通交流、滤波、移相和调谐等。

电阻的标称阻值和云母电容、瓷介电容的标称电容量，符合表1-4中所列标称值(或表列数值乘 10^n，其中 n 为正整数或负整数)。

例如，表1-4第一列中的1.1数值，可以是 $1.1 \times 10^3 \Omega = 1.1\mathrm{k}\Omega$ 或 $1.1 \times 10^{-6}\mathrm{F} = 1.1\mu\mathrm{F}$。

3. 电感元件

（1）电感器　电感器一般由骨架、线圈、铁心和屏蔽罩等组成。

常用电感器如图1-20所示。

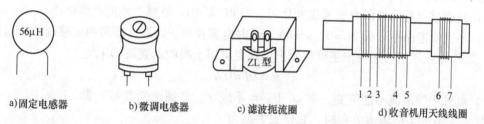

a)固定电感器　　b)微调电感器　　c)滤波扼流圈　　d)收音机用天线线圈

图1-20　电感器

（2）电感元件和电感　电感元件是指能够储存磁场能量的一种理想元件。电感元件的图形符号如图1-21所示。

电感元件的电感量简称电感。电感的符号是大写字母 L。其电感量 L 定义为磁链 ψ（与 N 匝线圈交链的总磁通称为磁链，即 $\psi = N\Phi$）与电感中的电流的比值，即

$$L = \frac{\psi}{i}$$

式中，磁链 ψ 与电流 i 的参考方向应满足如图1-22所示的右手螺旋法则。

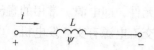

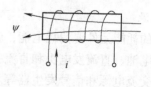

图1-21　电感元件的图形符号　　　　图1-22　磁链 ψ 与电流 i 的参考方向

电感的 SI 单位为亨利(简称亨),用符号 H 表示。实际应用中常用毫亨(mH)和微亨(μH)等。

$$1mH = 10^{-3}H \qquad 1\mu H = 10^{-6}H$$

线性电感的大小与线圈的几何形状、匝数及磁介质有关。当 L 为一常数,而且与元件中通过的电流无关时,这种电感元件就叫线性电感元件,否则叫非线性电感元件。本书只研究线性电感元件。

常将电感元件简称为电感,这样"电感"一词既代表电感元件,也代表电感参数。

(3) 电感元件上的电压与电流的关系 如图 1-23a 所示电路中,由楞次定律可知

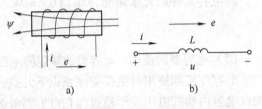

$$e = -\frac{d\psi}{dt}$$

由图 1-23b 可知

图 1-23 电感元件的电压电流参考方向

$$u = -e$$

所以,在 u、i 及 e 取如图 1-23b 所示的关联参考方向时,其伏安关系为

$$u = -e = \frac{d(Li)}{dt} = L\frac{di}{dt}$$

即

$$u = L\frac{di}{dt} \qquad (1-15)$$

电感元件的 u—i 关系说明:

1) 当通过电感元件的电流发生变化时,即 $di/dt \neq 0$,电感上才能产生电压。

2) 在直流电路中,$di/dt = 0$,$u = 0V$,此时电感相当于短路,即说明电感起导通直流的作用,简称导直作用。进一步还可以看出,此时电感上吸收的直流功率为

$$P = UI = 0W$$

3) 电感中的电流不能突变,即 $di/dt \rightarrow \infty$ 不成立。详细请参考第 7 章。

当 u、i 取非关联参考方向时,其伏安关系为

$$u = -L\frac{di}{dt} \qquad (1-16)$$

(4) 电感元件储存的能量 当 u、i 取关联参考方向时

$$w_L = \int_0^t pdt = \int_0^t uidt = L\int_{i(0)}^{i(t)} i\frac{di}{dt}dt = \frac{1}{2}Li^2(t) - \frac{1}{2}Li^2(0)$$

式中,$w_L > 0$,表示吸收能量;$w_L < 0$,表示发出能量。

若电感元件原先未储能,即 $i(0) = 0A$,则

$$w_L = \frac{1}{2}Li^2(t) = \frac{1}{2}Li^2$$

4. 电压源

电路中的耗能元件要消耗电能,就必须有提供能量的元件,即电源。常用的直流电源有干电池、蓄电池、直流发电机和直流稳压电源等。常用的交流电源有交流发电机、电力系统提供的正弦交流电源和信号发生器等。

理想电压源是一个理想二端元件,该理想二端元件的电压与通过它的电流无关,总保持为某给定值或给定的时间函数。如果实际电源(如干电池、蓄电池等)的内阻可以忽略时,则

不论其输出电流为何值,其电压均为定值,这种电源的电路模型就是一个理想电压源。理想电压源简称电压源。

理想电压源不仅限于直流电源,交流发电机的电压虽然是时间的函数,但若内阻可以忽略,电压也不受其输出电流的影响,所以,交流发电机的电路模型也是理想电压源。

电压源的图形符号及其伏安特性曲线如图 1-24 所示。图 1-24b 是直流电压源(恒压源)符号,"+"、"−"号是 U_S 的参考极性(右图中长线表示参考"+"极性,短线表示参考"−"极性)。

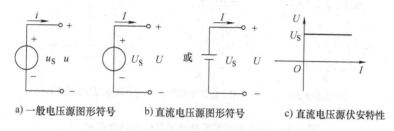

a)一般电压源图形符号　　b)直流电压源图形符号　　c)直流电压源伏安特性

图 1-24　电压源的图形符号及其伏安特性曲线

电压源的伏安关系为

$$u = u_S$$

对恒压源,伏安关系为

$$U = U_S$$

直流电压源具有如下两个特点:

① 它的端电压固定不变,即 $U = U_S$,与外电路取用的电流 I 无关。

② 通过它的电流取决于它所连接的外路,是可以改变的。

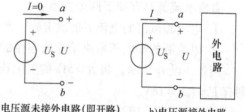

a)电压源未接外电路(即开路)　b)电压源接外电路

图 1-25　电压源的电路连接形式

电压源的连接如图 1-25 所示。图 1-25 所示电路进一步说明:①无论电源是否有电流输出,$U = U_S$,与 I 无关;②I 由 U_S 及外电路共同决定。

例如,设 $U_S = 5V$,将 $R = 5\Omega$ 电阻连接与 a、b 两端,则有 $I = 1A$;若将 R 改为 10Ω,则有 $I = U_S/R = 0.5A$。

对于电压源,应注意以下几点:

1) 在图 1-25b 中,U、I 为非关联参考方向,电压源消耗的功率为 $P = -UI = -U_S I$。若 $U_S = 24V$,$I = 1A$,则有 $P = -24 \times 1W = -24W$,表明电压源提供 24W 的功率给外电路;若 $U_S = -24V$,$I = 1A$,则有 $P = 24W$,表明 U_S 不是处于产生功率的状态,而是处于吸收功率的状态。例如,U_S 是一个正在被充电的电池。

2) 使用电压源时,当 $U_S \neq 0V$ 时,不允许将其"+、−"极短接。

3) 当 $U_S = 0V$ 时,电压源处于短路状态。

5. 电流源

提供电能的二端元件除了电压源外,还有电流源。

理想电流源是一个理想二端元件,元件的电流与它的电压无关,总保持为某给定值或给定的时间函数。在实际应用中，有些电源近似具有这样的性质。例如，在具有一定照度的光线照射下，光电池将被激发产生一定值的电流，这电流与照度成正比，而与它的电压无关。又如交流电流互感器的二次电流取决于一次电流，是时间的正弦函数。所以，这一类实际电源的电路模型就是一个理想电流源。理想电流源简称电流源。

电流源的图形符号及其伏安特性曲线如图 1-26 所示，图 1-26b 是直流电流源（恒流源）的图形符号，图中箭头所指方向均为电流的参考方向。

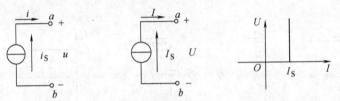

a)一般电流源图形符号　　b)直流电流源图形符号　　c)直流电流源的伏安特性

图 1-26　电流源的图形符号及其伏安特性曲线

电流源的伏安关系为

$$i = i_S$$

对恒流源，伏安关系为

$$I = I_S$$

直流电流源具有如下两个特点：

① 电流源流出的电流 I 是恒定的，即 $I = I_S$，与其两端的电压 U 无关。

② 电流源的端电压取决于它所连接的外电路，是可以改变的。

例如，设 $I_S = 3A$，将 $R = 5\Omega$ 的电阻连接于 a、b 两端，则有 $U = 15V$；若将 R 改为 6Ω，则有 $U = I_S R = 18V$。

对于电流源，应注意以下几点：

1）如图 1-26 所示电路中，对电流源来说，U、I 为非关联参考方向，电流源消耗的功率为 $P = -UI_S$。若 $U = 24V$，$I_S = 2A$，则 $P = -48W$，表明电流源提供 48W 的功率给外电路；若 $U = -24V$，$I_S = 2A$，则 $P = 48W$，表明 I_S 不是处于产生功率的状态，而是处于吸收功率的状态，即从外电路吸收功率。

2）使用电流源时，当 $I_S \neq 0A$ 时，不允许将电流源开路。

3）当 $I_S = 0A$ 时，电流源相当于开路状态。

例 1-5　电路如图 1-27a 所示，若 $U_S = 12V$，$I_S = 4A$，$R = 6\Omega$，试求电阻 R 吸收的功率和电流源发出的功率。

解：由式(1-11)得

$$P_R = \frac{U_S^2}{R} = \frac{12^2}{6}W = 24W$$

由于电流源两端的电压是由外电路决定的，本题中设其两端的电压为 U_X，如图 1-27b所示。则

$$U_X = U_S = 12V$$

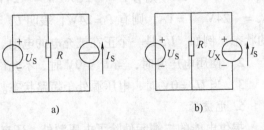

图 1-27　例 1-5 图

由于电流源两端的电压与电流源的电流是非关联参考方向，所以

$$P_{I_S} = -U_X I_S = -12\text{V} \times 4\text{A} = -48\text{W}$$

故电流源发出的功率为48W。

例1-6 电路如图1-28所示，若 $U_S = 6\text{V}$，$I_S = 4\text{A}$，$R = 5\Omega$，试求电阻 R 两端的电压 U_R 和电压源发出的功率。

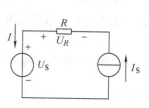

解：设电路的电流为 I，如图1-28所示。

$$I = I_S = 4\text{A}$$

由式(1-10)得 $\quad U_R = -RI = -5\Omega \times 4\text{A} = -20\text{V}$

图1-28 例1-6图

由于电压源的电流是由外电路决定的，本题中电流为 I。又由于电压源的电压与电流是非关联参考方向，所以

$$P_{U_S} = -U_S I = -6\text{V} \times 4\text{A} = -24\text{W}$$

故电压源发出的功率为24W。

1.4 基尔霍夫定律

前一节介绍了元件的伏安关系，即元件的约束关系，它是电路分析方法的重点。这些电路的基本元件按一定的连接方式连接起来，组成一个完整的电路，如图1-29所示。那么，电路应该遵守什么约束呢？基尔霍夫定律就是电路所要遵守的基本约束，称之为结构约束。

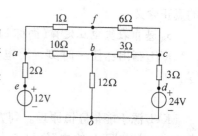

电路分析方法的根本依据是：①元件的约束关系；②电路的约束关系：基尔霍夫定律。

1. 几个有关的电路名词

图1-29 电路的组成

在介绍基尔霍夫定律之前，首先结合图1-29所示电路介绍几个有关的电路名词。

(1) 支路　电路中具有两个端钮且通过同一电流的分支(至少含一个元件)叫支路。图1-29中的 *afc*、*ab*、*bc*、*aeo* 均为支路。

(2) 节点　三条或三条以上支路的连接点叫做节点。图中的 *a*、*b*、*c*、*o* 点都是节点。

(3) 回路　电路中由若干条支路组成的闭合路径叫做回路。图中回路 *aboea* 由 10Ω、12Ω、2Ω 电阻及 12V 电压源组成。

(4) 网孔　内部不含有支路的回路称为网孔。图中回路 *aboea* 既是回路，也是网孔，但回路 *afcoa* 就不是网孔。

2. 基尔霍夫电流定律(简称 KCL)

KCL 指出：任一时刻，流入电路中任意一个节点的各支路电流代数和恒等于零，即

$$\sum i = 0 \tag{1-17}$$

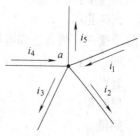

KCL 源于电荷守恒。列方程时，以参考方向为依据，若电流参考方向为"流入"节点的电流前取"+"号，则"流出"节点的电流前取"－"号。

例1-7 如图1-30所示电路的节点 *a* 处，已知 $i_1 = 3\text{A}$，$i_2 = $

图1-30 例1-7图

-2A，$i_3 = -4\text{A}$，$i_4 = 5\text{A}$，求 i_5。

解：步骤一：根据 KCL 列方程。若电流参考方向为"流入"节点 a 的电流前取"＋"号，则"流出"节点的电流前取"－"号，则有

$$i_1 - i_2 - i_3 + i_4 - i_5 = 0$$

步骤二：将电流本身的实际数值代入上式，得

$$3\text{A} - (-2)\text{A} - (-4)\text{A} + 5\text{A} - i_5 = 0$$

$$i_5 = 14\text{A}$$

应用 KCL，应注意以下几点：

1）KCL 还可以推广运用于电路中任一假设的闭合面（广义节点）。例如图 1-31 所示电路中，圆圈把 NPN 晶体管围成的闭和面视为一个广义节点，由 KCL 得

$$i_B + i_C - i_E = 0$$

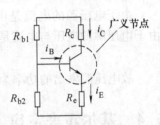

图 1-31　KCL 在广义
节点上的应用

2）在应用 KCL 解题时，实际使用了两套"＋、－"符号：①在公式 $\sum i = 0$ 中，以各电流的参考方向决定的"＋、－"号；②电流本身的"＋、－"值。这就是 KCL 定义式中电流代数和的真正含义。

3. 基尔霍夫电压定律（简称 KVL）

KVL 指出：任一时刻，沿电路中的任何一个回路，所有支路的电压代数和恒等于零，即

$$\sum u = 0 \qquad\qquad (1\text{-}18)$$

KVL 源于能量守恒原理。列方程时，先任意选择回路的绕行方向，当回路中的电压参考方向（或电阻上的电流 i）与回路绕行方向一致时，该电压前取"＋"号，否则取"－"号。

例 1-8　电路如图 1-32 所示，已知 $U_1 = 3\text{V}$，$U_2 = -4\text{V}$，$U_3 = 2\text{V}$。试应用 KVL 求电压 U_x 和 U_y。

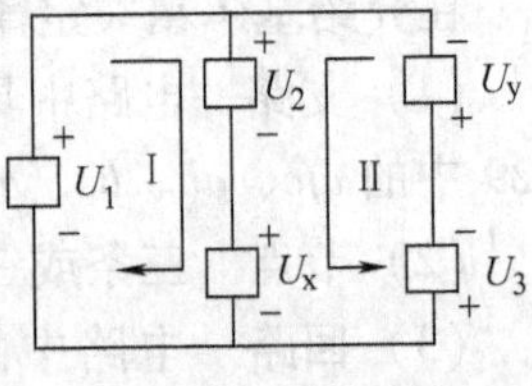

解：方法一

步骤一：如图 1-32 所示的电路中，任意选择回路的绕行方向，并标注于图中（如图 1-32 所示回路 Ⅰ、回路 Ⅱ）。

步骤二：根据 KVL 列方程。当回路中的电压参考方向与回路绕行方向一致时，该电压前取"＋"号，否则取"－"号。

图 1-32　例 1-8 方法一图

回路 Ⅰ：

$$-U_1 + U_2 + U_x = 0$$

回路 Ⅱ：

$$U_2 + U_x + U_3 + U_y = 0$$

步骤三：将各已知电压值代入 KVL 方程，得

回路 Ⅰ：

$$-3\text{V} + (-4)\text{V} + U_x = 0$$

解得

$$U_x = 7\text{V}$$

回路 Ⅱ：

$$(-4)\text{V} + 7\text{V} + 2\text{V} + U_y = 0$$

解得

$$U_y = -5\text{V}$$

可以看出，KVL 和 KCL 一样，在实际应用中也使用了两套"＋、－"符号：①在公式 $\sum u = 0$ 中，各电压的参考方向与回路的绕行方向是否一致决定的"＋、－"号；②电压本

身的"＋、－"值。这就是 KVL 定义式中电压代数和的真正含义。

方法二

利用 KVL 的另一种形式，用"箭头首尾衔接法"，直接求回路中惟一的未知电压，其方法如图 1-33 所示。

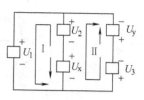

回路 I ： $U_x = -U_2 + U_1 = -(-4)V + 3V = 7V$

回路 II ： $U_y = -U_3 - U_x - U_2 = -2V - 7V - (-4)V = -5V$

例 1-9 电路如图 1-34 所示，试求 U_{ab} 的表达式。

图 1-33 例 1-8 方法二图

解： 应用 KVL 的"箭头首尾衔接法"，分别列出下列方程。

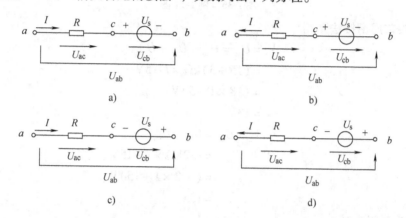

图 1-34 例 1-9 图

因为 $\qquad\qquad U_{ab} = U_{ac} + U_{cb}$

图 1-34a： $U_{ac} = IR$ $U_{cb} = U_S$ 所以 $U_{ab} = IR + U_S$

图 1-34b： $U_{ac} = -IR$ $U_{cb} = U_S$ 所以 $U_{ab} = -IR + U_S$

图 1-34c： $U_{ac} = IR$ $U_{cb} = -U_S$ 所以 $U_{ab} = IR - U_S$

图 1-34d： $U_{ac} = -IR$ $U_{cb} = -U_S$ 所以 $U_{ab} = -IR - U_S$

例 1-10 电路如图 1-35 所示，若 $U_{S1} = 19V$，$U_{S2} = 4V$，$R_1 = 2\Omega$，$I = 5A$，试求 R_2 及电压 U_{ab}。

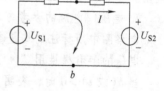

解： 选回路的绕行方向如图 1-35 所示。

据 KVL $\qquad -U_{S1} + R_1 I + R_2 I + U_{S2} = 0$

$\qquad\qquad -19V + 2\Omega \times 5A + R_2 \times 5A + 4V = 0$

解得 $\qquad\qquad R_2 = 1\Omega$

$\qquad U_{ab} = R_2 I + U_{S2} = 1\Omega \times 5A + 4V = 9V$

图 1-35 例 1-10 图

或 $\qquad U_{ab} = -R_1 I + U_{S1} = -2\Omega \times 5A + 19V = 9V$

例 1-11 电路如图 1-36a 所示，试求开关 S 断开和闭合两种情况下 a 点的电位。

解： 图 1-36a 是电子电路中的一种习惯画法，即电源不再用符号表示，而改为标出其电位的极性和数值。图 1-36a 可改画为图 1-36b。

（1）开关 S 断开时

据 KVL $\qquad\qquad -15V + (2 + 15 + 3)k\Omega \times I - 5V = 0$

$$I = \frac{5 + 15}{2 + 15 + 3}mA = 1mA$$

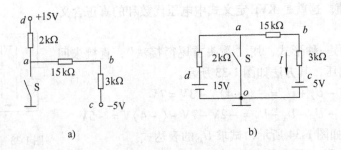

图 1-36　例 1-11 图

由"箭头首尾衔接法"得

$$V_a = U_{ao} = U_{ab} + U_{bc} + U_{co}$$
$$= (15+3)\,\text{k}\Omega \times I - 5\text{V}$$
$$= (18 \times 1 - 5)\,\text{V}$$
$$= 13\text{V}$$

或
$$V_a = U_{ao} = U_{ad} + U_{do}$$
$$= -2\text{k}\Omega \times I + 15\text{V}$$
$$= (-2 \times 1 + 15)\,\text{V}$$
$$= 13\text{V}$$

（2）开关 S 闭合时

$$V_a = 0$$

本 章 小 结

1. 研究电路的一般方法

理想电路元件是指实际电路元件的理想化模型。由理想电路元件构成的电路，称为电路模型。在电路理论研究中，都用电路模型来代替实际电路加以研究。

2. 电压、电流的参考方向

电路图中所标注的均是参考方向，并以参考方向为依据列方程。

电压的参考极性用"＋、－"标注，电流的参考方向用"→"标注。

当 u（或 i）>0 时，表明实际方向与参考方向一致，否则相反。

电动势的参考极性用"→"标注。

3. 功率

当元件的 u、i 选关联参考方向时，

$$p = ui$$

当元件的 u、i 选非关联参考方向时，

$$p = -ui$$

若 $p>0$，则该元件为耗能元件；若 $p<0$，则为供能元件。

电路中功率是平衡的，即

$$\sum p = 0$$

4. 电路基本元件的 u、i 关系

1）对电阻、电容和电感元件，当元件的 u、i 选关联参考方向时，

$$u = Ri$$

$$i = C\mathrm{d}u_C/\mathrm{d}t$$

$$u = L\mathrm{d}i_L/\mathrm{d}t$$

对于线性电阻元件、电感元件和电容元件，R、L、C 均为常数。

2）对电压源、电流源

$$u = u_S$$

$$i = i_S$$

5. 电容元件和电感元件的储能

$$w_C = \frac{1}{2}Cu^2$$

$$w_L = \frac{1}{2}Li^2$$

6. 基尔霍夫定律

KCL：
$$\sum i = 0$$

以电流 i 的参考方向为依据列方程，流入节点的电流前取"＋"，流出节点的电流前取"－"。

KVL：
$$\sum u = 0$$

以电压 u 的参考方向为依据列方程，当 u 的参考方向与绕行方向一致时，该电压前取"＋"，否则取"－"。

思考题与习题

1-1 试求如图 1-37 所示电路吸收的功率，并说明该元件是供能元件还是耗能元件。

（1）$U = 20\text{V}$, $I = 2\text{A}$。

（2）$U = 36\text{V}$, $I = -2\text{A}$。

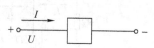

图 1-37 题 1-1 图

1-2 试求如图 1-38 所示电路吸收的功率，并说明该元件是供能元件还是耗能元件。

（1）$U = -24\text{V}$, $I = 1\text{A}$。

（2）$U = 18\text{V}$, $I = 2\text{A}$。

1-3 试求如图 1-39 所示电路中 2Ω 电阻上的功率及电流源的功率。

1-4 试求如图 1-40 所示电路中 3Ω 电阻上的功率及电压源的功率。

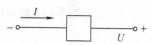

图 1-38 题 1-2 图

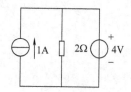

图 1-39 题 1-3 图

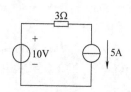

图 1-40 题 1-4 图

1-5 电路如图 1-41 所示，求 U_1、U_2 及 6Ω 电阻上吸收的功率。

1-6 试求如图 1-42 所示电路中，I_1、I_2、I_3 及 5Ω 电阻上吸收的功率。

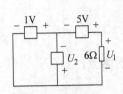

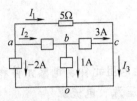

图 1-41 题 1-5 图　　　　　　　　　　图 1-42 题 1-6 图

1-7 电路如图 1-43 所示，已知 $U_{S1} = 12V$，$U_{S2} = 10V$，$R_1 = 0.2Ω$，$R_2 = 2Ω$，$I_1 = 5A$，试求 U_{ab}、I_2、I_3、R_3。

1-8 电路如图 1-44 所示，已知 $R_1 = 3Ω$，$R_2 = 2Ω$，$U_{S1} = 6V$，$U_{S2} = 14V$，$I = 3A$，求 a 点的电位。

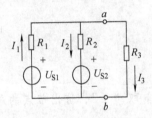

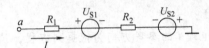

图 1-43 题 1-7 图　　　　　　　　　　图 1-44 题 1-8 图

1-9 试求如图 1-45 所示电路中，各支路电流 I_1、I_2、I_3 及电压源、电流源的功率 P_{U_S}、P_{I_S}，并指出是吸收功率还是发出功率。

1-10 在如图 1-46 所示电路中，已知 $U_{S1} = 3V$，$U_{S2} = 2V$，$R_1 = R_2 = R_3 = R_4 = R_5 = R_6 = 1Ω$，以 d 点为参考点，试求 V_a、V_b 和 V_c。

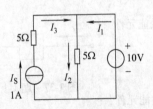

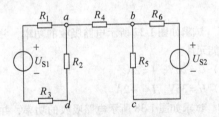

图 1-45 题 1-9 图　　　　　　　　　　图 1-46 题 1-10 图

第2章

电路的基本分析方法和定理

学习目标

当提供能源的电源仅是直流电源时，该电路称为直流电路。本章讨论直流电路的基本分析方法和定理，它是分析电路的基础。等效变换是电路分析的一个基本方法，它将贯穿全书各章。

2.1 电阻的串联和并联

1. 二端网络等效的概念

（1）二端网络 网络是指复杂的电路。网络 A 通过两个端钮与外电路连接，A 叫二端网络，如图 2-1a 所示。

（2）等效的概念 当二端网络 A 与二端网络 A_1 的端钮的伏安特性相同时，即 $I = I_1$，$U = U_1$，则称 A 与 A_1 是两个对外电路等效的网络，如图 2-1b 所示。

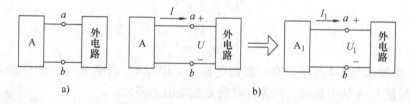

a)　　　　　　　　　　b)

图 2-1　二端网络及其等效的概念

2. 电阻的串并联及分压、分流公式

（1）电阻的串联及分压公式 如图 2-2a、b 所示为电阻的串联及其等效电路。串联电路的基本特征是各元件流过同一电流。

根据 KVL 得 $U = U_1 + U_2 = (R_1 + R_2)I = RI$

式中，$R = R_1 + R_2$ 称为串联电路的等效电阻。

同理，当有 n 个电阻串联时，其等效电阻为

$$R = R_1 + R_2 + R_3 + \cdots + R_n \qquad (2\text{-}1)$$

当有两个电阻串联时，其分压公式为

$$U_1 = IR_1 = \frac{U}{R_1 + R_2}R_1$$

所以

$$U_1 = \frac{R_1}{R_1 + R_2}U \qquad (2\text{-}2)$$

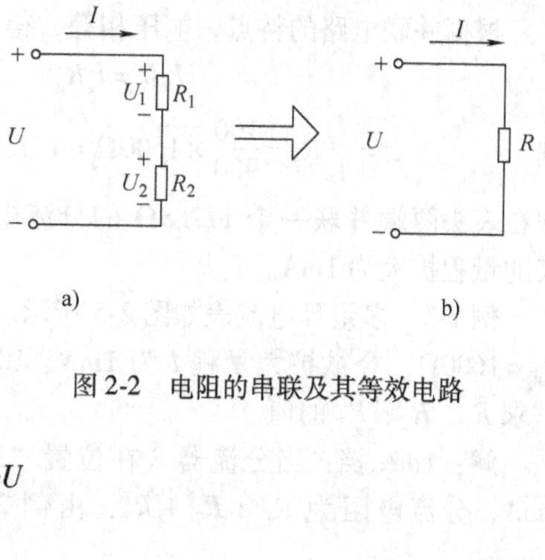

图 2-2　电阻的串联及其等效电路

同理

$$U_2 = \frac{R_2}{R_1 + R_2}U$$

（2）电阻的并联及分流公式　如图2-3a、b所示为电阻的并联及其等效电路。并联电路的基本特征是各元件两端的电压相等。

根据 KCL 得

$$I = I_1 + I_2 = \frac{U}{R_1} + \frac{U}{R_2} = \left(\frac{1}{R_1} + \frac{1}{R_2}\right)U = \frac{1}{R}U$$

其中，式 $\frac{1}{R} = \frac{1}{R_1} + \frac{1}{R_2}\left(或 R = \frac{R_1 R_2}{R_1 + R_2}\right)$ 中的 R

称为并联电路的等效电阻。

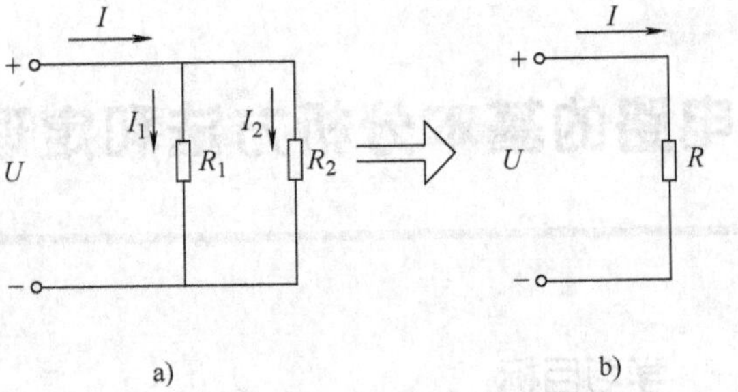

同理，当有 n 个电阻并联时，其等效电阻的计算公式为

$$\frac{1}{R} = \frac{1}{R_1} + \frac{1}{R_2} + \cdots + \frac{1}{R_n} \tag{2-3}$$

图2-3　电阻的并联及其等效电路

用电导表示，即

$$G = G_1 + G_2 + \cdots + G_n$$

当 n 个相同的电阻 R_n 并联时，等效电阻为 $R = R_n/n$，此公式要灵活应用。如 $8\Omega // 4\Omega // 2\Omega$，可看成 $8\Omega // (8\Omega // 8\Omega) // (8\Omega // 8\Omega // 8\Omega // 8\Omega) = 8\Omega/7 = 1.14\Omega$。

当两个电阻并联时，其分流公式为

$$I_1 = \frac{U}{R_1} = \frac{IR}{R_1}$$

所以

$$I_1 = \frac{R_2}{R_1 + R_2}I \tag{2-4}$$

同理

$$I_2 = \frac{R_1}{R_1 + R_2}I$$

例 2-1　电路如图2-4所示，有一满偏电流 $I_g = 100\mu A$，内阻 $R_g = 1600\Omega$ 的表头，若要将其变成能测量 1mA 的电流表，问需并联的分流电阻为多大。

解：要改装成 1mA 的电流表，应使 1mA 的电流通过电流表时，表头指针刚好满偏。

根据 KCL 得

$$I_R = I - I_g = (1 \times 10^{-3} - 100 \times 10^{-6})A = 900\mu A$$

根据并联电路的特点，电压相等，得

$$I_R R = I_g R_g$$

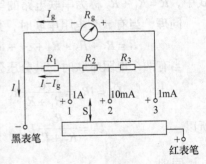

图2-4　例2-1图

则

$$R = \frac{I_g}{I_R}R_g = \frac{100}{900} \times 1600\Omega = 177.8\Omega$$

即在表头两端并联一个 177.8Ω 的分流电阻，可将电流表的量程扩大为 1mA。

例 2-2　多量程电流表如图2-5所示。若 $I_g = 100\mu A$，$R_g = 1600\Omega$，今欲扩大量程 I 为 1mA、10mA、1A 三挡，试求 R_1、R_2、R_3 的值。

解：1mA 挡：当分流器 S 在位置"3"时，量程为 1mA，分流电阻为 $R_1 + R_2 + R_3$，由例2-1可知，分流

图2-5　例2-2图

电阻

$$R_1 + R_2 + R_3 = 177.8\Omega$$

1A挡：当分流器S在位置"1"时，量程为1A，即$I = 1A$，此时，R_1与$(R_g + R_2 + R_3)$并联分流，有

$$(I - I_g)R_1 = I_g(R_g + R_2 + R_3)$$

故

$$R_1 = \frac{I_g}{I}(R_g + R_1 + R_2 + R_3) = \frac{100 \times 10^{-6}}{1} \times (1600 + 177.8)\Omega = 0.1778\Omega$$

10mA挡：当分流器S在位置"2"时，量程为10mA，即$I = 10mA$，此时，$(R_1 + R_2)$与$(R_g + R_3)$并联分流，有

$$(I - I_g)(R_1 + R_2) = I_g(R_g + R_3)$$

故

$$R_1 + R_2 = \frac{I_g}{I}(R_g + R_1 + R_2 + R_3) = \frac{100 \times 10^{-6}}{10 \times 10^{-3}} \times (1600 + 177.8)\Omega = 17.78\Omega$$

$$R_2 = 17.78\Omega - R_1 = (17.78 - 0.1778)\Omega = 17.6\Omega$$

$$R_3 = (177.8 - 17.78)\Omega = 160\Omega$$

3. 电阻的混联

既有电阻串联又有电阻并联的电路称为电阻混联电路。对于电阻混联电路，可以应用等效的概念，逐次求出各串、并联部分的等效电路，从而最终将其简化成一个无分支的等效电路，通常称这类电路为简单电路；若不能用串、并联的方法简化的电路，则称为复杂电路。对一些不易看出串并联关系的电路，可采用电路改画法，即找出所有节点，将所有电阻一一重新画在各节点之间，即可看出电阻之间的关系。下面通过例题来说明。

例2-3 求如图2-6a所示电路中a、b两端的等效电阻R_{ab}。

解：第一步，在原图上找出电路的节点c、d，并标于图上。

第二步，重新画出端钮a、b和节点c、d。

第三步，将所有电阻一一画在各节点上。

经过电路改画，得到原电路的等效电路如图2-6b所示。

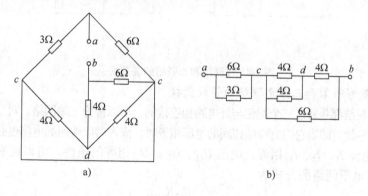

a)   b)

图2-6 例2-3图

所求电阻为

$$R_{ab} = 6\Omega // 3\Omega + (4\Omega // 4\Omega + 4\Omega) // 6\Omega$$
$$= 2\Omega + 3\Omega$$
$$= 5\Omega$$

2.2 电阻星形联结和三角形联结的等效变换

1. 电阻的星形联结和三角形联结

如将三个电阻分别接在三个端钮的每两个之间,如图 2-7a 所示,这种连接方式称为三角形(△)联结。如果三个电阻的一端接在同一点上,另一端分别接在三个不同的端钮上,如图 2-7b 所示,这种连接方式称为星形(Y)联结。

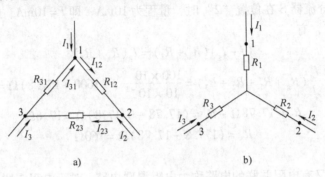

图 2-7 电阻的△联结和Y联结

在电路分析中,有时需将△联结与Y联结作等效变换,以便于电路分析计算。例如,求如图 2-8a 所示电路的输入电阻 R_{ab} 时,不能直接用电阻的串联、并联公式求得。如果将图 2-8a中的电阻 R_{12}、R_{23}、R_{31} 组成的△联结等效变换为图 2-8b 中由 R_1、R_2、R_3 组成的Y联结,再利用电阻的串并联就能求出输入电阻 R_{ab} 了。

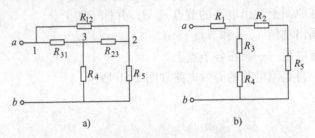

图 2-8 Y联结和△联结的等效变换

2. 电阻的星形联结和三角形联结的等效变换

△联结与Y联结都是通过三个端钮与外电路相连接的,所以称为三端网络。对三端网络的等效,仍然是指对外部等效,即当它们对应端钮间的电压相等时,流入对应端钮的电流也必然分别相等。

利用外部电流 I_1、I_2、I_3 相等,电压 U_{12}、U_{23}、U_{31} 相等的条件,可以证明:将△电阻网络等效变换为Y电阻网络的公式为

$$\left.\begin{array}{l} R_1 = \dfrac{R_{12}R_{31}}{R_{12}+R_{23}+R_{31}} \\[3mm] R_2 = \dfrac{R_{23}R_{12}}{R_{12}+R_{23}+R_{31}} \\[3mm] R_3 = \dfrac{R_{31}R_{23}}{R_{12}+R_{23}+R_{31}} \end{array}\right\} \tag{2-5}$$

将Y电阻网络等效变换为△电阻网络的公式为

$$R_{12} = \frac{R_1 R_2 + R_2 R_3 + R_3 R_1}{R_3} = R_1 + R_2 + \frac{R_1 R_2}{R_3}$$

$$R_{23} = \frac{R_1 R_2 + R_2 R_3 + R_3 R_1}{R_1} = R_2 + R_3 + \frac{R_2 R_3}{R_1} \qquad (2\text{-}6)$$

$$R_{31} = \frac{R_1 R_2 + R_2 R_3 + R_3 R_1}{R_2} = R_3 + R_1 + \frac{R_3 R_1}{R_2}$$

当三端电阻网络对称时，即 $R_{12} = R_{23} = R_{31} = R_\triangle$，$R_1 = R_2 = R_3 = R_Y$，则有

$$R_Y = \frac{1}{3} R_\triangle \qquad (2\text{-}7)$$

$$R_\triangle = 3 R_Y \qquad (2\text{-}8)$$

Y联结亦称 T 联结，△联结亦称 Π 联结。

例 2-4 如图 2-9a 所示电路中，已知 $U_S = 225\text{V}$，$R_0 = 1\Omega$，$R_1 = 40\Omega$，$R_2 = 36\Omega$，$R_3 = 50\Omega$，$R_4 = 55\Omega$，$R_5 = 10\Omega$，试求电流 I 和 I_4。

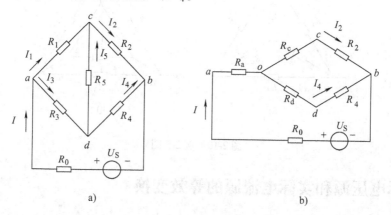

图 2-9　例 2-4 图

解：将△联结的 R_1、R_3、R_5 等效变换为Y联结的 R_a、R_c、R_d，如图 2-9b 所示，代入式 (2-5) 求得

$$R_a = \frac{R_3 R_1}{R_5 + R_3 + R_1} = \frac{50 \times 40}{10 + 50 + 40}\Omega = 20\Omega$$

$$R_c = \frac{R_1 R_5}{R_5 + R_3 + R_1} = \frac{40 \times 10}{10 + 50 + 40}\Omega = 4\Omega$$

$$R_d = \frac{R_5 R_3}{R_5 + R_3 + R_1} = \frac{10 \times 50}{10 + 50 + 40}\Omega = 5\Omega$$

图 2-9b 是电阻混联网络，串联的 R_c、R_2 的等效电阻 $R_{c2} = 40\Omega$，串联的 R_d、R_4 的等效电阻 $R_{d4} = 60\Omega$，二者并联的等效电阻为

$$R_{ob} = \frac{40 \times 60}{40 + 60}\Omega = 24\Omega$$

R_a 与 R_{ob} 串联，a、b 间桥式电阻的等效电阻为

$$R_i = 20\Omega + 24\Omega = 44\Omega$$

$$I = \frac{U_S}{R_0 + R_i} = \frac{225}{1 + 44}A = 5A$$

$$I_4 = \frac{R_c + R_2}{(R_c + R_2) + (R_d + R_4)}I$$

$$= \frac{4 + 36}{4 + 36 + 5 + 55} \times 5A = 2A$$

例 2-5 求如图 2-10a 所示电路中 a、b 两端的输入电阻 R_{ab}，已知 $R_1 = R_2 = R_3 = 6\Omega$，$R_4 = R_5 = R_6 = 2\Omega$。

解： 将电阻 R_4、R_5、R_6 组成的 Y 联结变换成 △ 联结，如图 2-10b 所示。由式(2-8)得

$$R'_1 = R'_2 = R'_3 = 3R_4 = 3 \times 2\Omega = 6\Omega$$

$$R_{ab} = R_1 /\!/ R'_1 /\!/ (R_2 /\!/ R'_2 + R_3 /\!/ R'_3)$$

$$= 6\Omega /\!/ 6\Omega /\!/ (6\Omega /\!/ 6\Omega + 6\Omega /\!/ 6\Omega) = 2\Omega$$

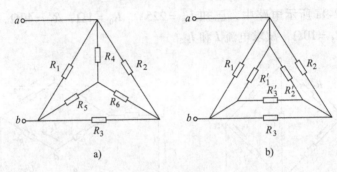

图 2-10　例 2-5 图

2.3　实际电压源和实际电流源的等效变换

第 1 章介绍了理想电压源和理想电流源。而理想电源实际上是不存在的，实际电源都有内阻。

1. **实际电压源模型及其伏安特性**

在实际应用中发现，随着负载取用电流的变化，电压源的端电压也在变化，而不是恒定的。所以，实际电压源可以用理想电压源 U_S 和内阻 R_S 的串联电路来建立电路模型，如图 2-11a 所示，其伏安特性如图 2-11b 所示。

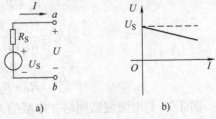

由图 2-11a 得　$U = U_S - IR_S$

上式说明，负载电流 I 越大，内阻上的压降越大，输出电压 U 越小。这一点从图 2-11b 的伏安特性同样能够反映出来，这也是实际电压源与理想电压源的不同之处。

图 2-11　实际电压源及其伏安特性

2. **实际电流源模型及其伏安特性**

在实际应用中发现，负载从电流源取用的电流往往没有电流源的电流大，其原因是内阻上分流了一部分电流。所以，实际电流源可以用理想电流源 I_S 和内阻 R'_S 的并联电路来建立

电路模型，如图 2-12a 所示，其伏安特性如图 2-12b 所示。

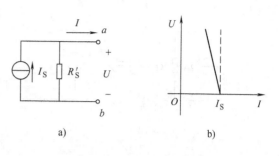

由图 2-12a 得　$I = I_S - \dfrac{U}{R'_S}$

上式说明，输出电压 U 越大，内阻上的分流越大，负载电流 I 越小。这一点从图 2-12b 的伏安特性同样能够反映出来，这也是实际电流源与理想电流源的不同之处。

图 2-12　实际电流源及其伏安特性

3. 实际电源的两种模型及其等效变换

实际电压源和实际电流源是电源的两种形式，两者对外电路是可以等效变换的，如图 2-13 所示。那么，等效变换的条件是什么呢？

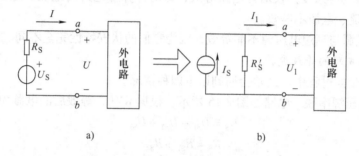

图 2-13　实际电压源与实际电流源的等效变换

由图 2-13a 得
$$U = U_S - IR_S \tag{2-9}$$

由图 2-13b 得
$$I_1 = I_S - \frac{U_1}{R'_S}$$

所以
$$U_1 = I_S R'_S - I_1 R'_S \tag{2-10}$$

根据等效的概念，当这两个二端网络相互等效时，有 $I = I_1$，$U = U_1$，比较式(2-9)和式(2-10)得出

$$U_S = I_S R'_S \tag{2-11}$$

$$R_S = R'_S \tag{2-12}$$

上两式就是实际电压源与实际电流源的等效变换公式。

注意：等效只是对外电路等效，内部不仅结构上发生了变化，而且其物理量也发生了变化。例如，对等效前的实际电压源，其内阻上的电流为 I，功率为 $I^2 R_S$；对等效后的实际电流源，其内阻上的电流为 $I_S - I$，功率为 $(I_S - I)^2 R'_S$。

例 2-6　试完成如图 2-14 所示电路的等效变换。

解：图 2-14a：已知 $I_S = 2A$，$R'_S = 2\Omega$，则
$$U_S = I_S R'_S = 2 \times 2V = 4V$$
$$R_S = R'_S = 2\Omega$$

图 2-14b：已知 $U_S = 6V$，$R_S = 3\Omega$，则
$$I_S = \frac{U_S}{R_S} = \frac{6}{3}A = 2A$$
$$R'_S = R_S = 3\Omega$$

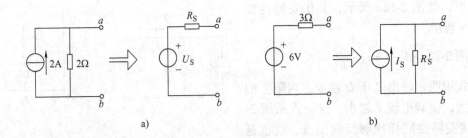

图 2-14 例 2-6 图

在进行电源模型的等效变换时，应注意：

1）电压源从负极到正极的方向与电流源的方向在变换前后应一致。

2）实际电源的等效变换仅对外电路等效，即对计算外电路的电流、电压等效，而对计算电源内部的电流、电压不等效。

3）理想电流源与理想电压源不能等效，因为它们的伏安特性完全不同。

4. 几种含源支路的等效变换

在电源等效变换过程中，经常会遇到以下四种情况。

（1）几个电压源串联　电路如图 2-15 所示，根据 KVL，等效后的电源为

$$U_S = U_{S1} - U_{S2} + U_{S3}$$

$$R_S = R_{S1} + R_{S2}$$

（2）几个电流源并联　电路如图 2-16 所示，根据 KCL，等效后的电源为

$$I_S = I_{S1} - I_{S2} + I_{S3}$$

$$R'_S = R'_{S1} /\!/ R'_{S2}$$

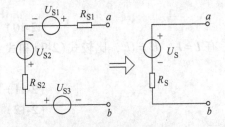

图 2-15　电压源串联

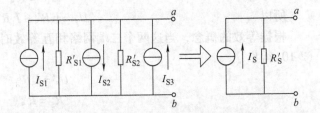

图 2-16　电流源并联

（3）理想电压源与任意二端元件（或网络）并联　电路如图 2-17 所示，等效后的电源为原来的理想电压源。

（4）理想电流源与任意二端元件（或网络）串联　电路如图 2-18 所示，等效后的电源为原来的理想电流源。

对含源混联二端网络的化简，可根据电路的结构，灵活运用上述方法。原则是：先各个局部化简，后整体化简；先从二端网络端钮的里侧，逐步向端钮侧化简。

例 2-7　试用电源变换的方法，求如图 2-19 所示电路中通过电阻 R_3 上的电流 I_3。

解：将 R_3 看成外电路，对 a、b 端钮左边的二端网络进行等效变换。

步骤一：将实际电压源等效为实际电流源，如图 2-19b 所示。

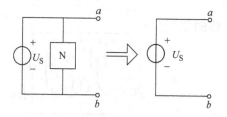

图 2-17 理想电压源与二端网络并联

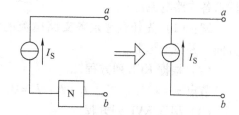

图 2-18 理想电流源与二端网络串联

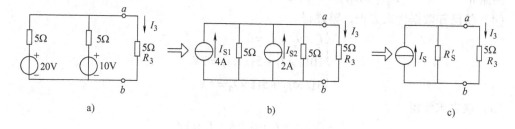

图 2-19 例 2-7 图

$$I_{S1} = \frac{20}{5}A = 4A$$

$$I_{S2} = \frac{10}{5}A = 2A$$

步骤二：合并等效，如图 2-19c 所示。

设合并后的电流源为 I_S，则有

$$I_S = I_{S1} + I_{S2} = (4 + 2)A = 6A$$

设合并后的电阻为 R'_S，则有

$$R'_S = \frac{5 \times 5}{5 + 5}\Omega = 2.5\Omega$$

步骤三：对图 2-19c 用分流公式计算 I_3，得

$$I_3 = \frac{R'_S}{R'_S + R'_3}I_S = \frac{2.5}{2.5 + 5} \times 6A = 2A$$

2.4 支路电流法

支路电流法是以支路电流为未知数，根据 KCL 和 KVL 列方程的一种方法。

可以证明，对于具有 b 条支路、n 个节点的电路，应用 KCL 只能列 $(n-1)$ 个节点方程，应用 KVL 只能列 $b-(n-1)$ 个回路方程。

应用支路电流法的一般步骤：

1）在电路图上标出所求支路电流的参考方向，再选定回路的绕行方向。

2）根据 KCL 和 KVL 列方程组。

3）联立方程组，求解未知量。

例 2-8 电路如图 2-20 所示，已知 $R_1 = 10\Omega$，$R_2 = 5\Omega$，$R_3 = 5\Omega$，$U_{S1} = 13V$，$U_{S2} = 6V$，

试求各支路电流。

解：（1）先任意选定各支路电流的参考方向和回路的绕行方向，并标于图上。

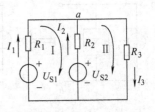

图 2-20 例 2-8 图

（2）根据 KCL 列方程

节点 a $\qquad I_1 + I_2 - I_3 = 0$

（3）根据 KVL 列方程

回路 Ⅰ $\qquad R_1 I_1 - R_2 I_2 + U_{S2} - U_{S1} = 0$

回路 Ⅱ $\qquad R_2 I_2 + R_3 I_3 - U_{S2} = 0$

（4）将已知数据代入方程，整理得

$$\begin{cases} I_1 + I_2 - I_3 = 0 \\ 10\Omega \times I_1 - 5\Omega \times I_2 = 7V \\ 5\Omega \times I_2 + 5\Omega \times I_3 = 6V \end{cases}$$

（5）联立求解得

$$I_1 = 0.8A \quad I_2 = 0.2A \quad I_3 = 1A$$

例 2-9 电路如图 2-21 所示，已知 $R_1 = 3\Omega$，$R_2 = 6\Omega$，$R_3 = 4\Omega$，$U_S = 18V$，$I_S = 3A$，试求各支路电流及各元件上的功率。

解：（1）先任意选定各支路电流的参考方向和回路的绕行方向，并标于图上。

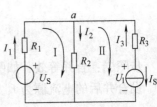

图 2-21 例 2-9 图

（2）根据 KCL 列方程

节点 a $\qquad I_1 - I_2 + I_3 = 0$

（3）根据 KVL 列方程

回路 Ⅰ $\qquad R_1 I_1 + R_2 I_2 - U_S = 0$

由于回路 Ⅱ 中有电流源，可直接找出一个方程，即

$$I_3 = -I_S$$

（4）将已知数据代入方程，整理得

$$\begin{cases} I_1 - I_2 - 3A = 0 \\ 3\Omega \times I_1 + 6\Omega \times I_2 = 18V \end{cases}$$

（5）联立求解得

$$I_1 = 4A \quad I_2 = 1A \quad I_3 = -3A$$

（6）各元件上的功率计算

U_S 和 I_1 为非关联参考方向 $\qquad P_{U_S} = -U_S I_1 = -18 \times 4W = -72W$

即电压源 U_S 发出功率 72W。

计算电流源的功率时，设电流源两端的电压为 U_1，如图 2-21 所示。

回路 Ⅱ 的 KVL 方程为 $\qquad -R_2 I_2 - R_3 I_3 + U_1 = 0$

$$U_1 = R_2 I_2 + R_3 I_3$$
$$= 6\Omega \times 1A + 4\Omega \times (-3A)$$
$$= -6V$$

U_1 和 I_S 为关联参考方向 $\qquad P_{I_S} = I_S U_1 = 3 \times (-6)W = -18W$

即电流源 I_S 发出功率 18W。

$$P_{R_1} = I_1^2 R_1 = 4^2 \times 3W = 48W$$

即电阻 R_1 上消耗的功率为 48W。

$$P_{R_2} = I_2^2 R_2 = 1^2 \times 6W = 6W$$

即电阻 R_2 上消耗的功率为 6W。

$$P_{R_3} = I_3^2 R_3 = (-3)^2 \times 4W = 36W$$

即电阻 R_3 上消耗的功率为 36W。

电路功率平衡验证：

1）电路中两个电源发出的功率为

$$72W + 18W = 90W$$

电路中电阻消耗的功率为

$$48W + 6W + 36W = 90W$$

即

$$\sum p_{发出} = \sum p_{吸收} \tag{2-13}$$

可见，功率平衡。

2）$P_{U_S} + P_{I_S} + P_{R_1} + P_{R_2} + P_{R_3} = (-72 - 18 + 48 + 6 + 36)W = 0$

即

$$\sum P = 0 \tag{2-14}$$

可见，功率平衡。

2.5　网孔电流法

以假想的网孔电流为未知数，应用 KVL 列出各网孔的电压方程，并联立解出网孔电流，再进一步求出各支路电流的方法称为网孔电流法。网孔电流法简称网孔法，它是分析网络的基本方法之一。

假想的在每一网孔中流动着的独立电流称为网孔电流。如图 2-22 所示的 I_a、I_b 分别为 Ⅰ 网孔和 Ⅱ 网孔的网孔电流。图中的顺时针箭头既可以表示网孔电流的参考方向，同时也表示绕行方向。根据 KVL 可列出如下方程。

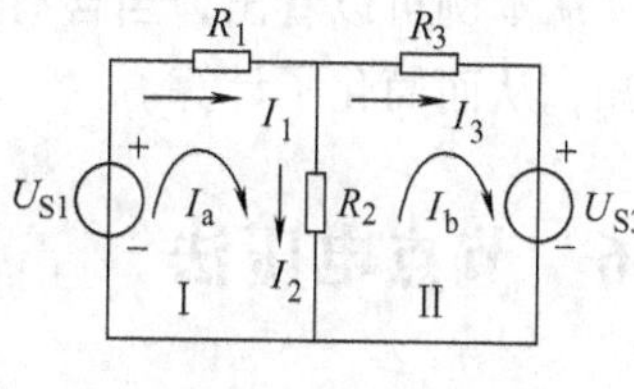

图 2-22　网孔电流

网孔 Ⅰ　　　$I_a R_1 + (I_a - I_b) R_2 - U_{S1} = 0$

网孔 Ⅱ　　　$I_b R_3 + (I_b - I_a) R_2 + U_{S3} = 0$

整理得

$$\begin{cases} (R_1 + R_2) I_a - R_2 I_b = U_{S1} \\ -R_2 I_a + (R_2 + R_3) I_b = -U_{S3} \end{cases}$$

写出一般式为

$$\begin{cases} R_{11} I_a + R_{12} I_b = U_{S11} \\ R_{21} I_a + R_{22} I_b = U_{S22} \end{cases} \tag{2-15}$$

式中，$R_{11} = R_1 + R_2$ 为网孔 Ⅰ 的所有电阻之和，$R_{22} = R_2 + R_3$ 为网孔 Ⅱ 的所有电阻之和，R_{11}、R_{22} 分别称为网孔 Ⅰ、Ⅱ 的自阻，自阻总是正的。$R_{12} = R_{21} = -R_2$，R_{12}、R_{21} 代表相邻 Ⅰ、Ⅱ

两网孔之间的公共支路的电阻称为互阻。互阻的正负，取决于流过公共支路的网孔电流的方向，相同为正，相反为负。U_{S11}、U_{S22} 分别为 Ⅰ、Ⅱ 网孔中所有电压源电位升（从负极到正极）的代数和。当电压源沿本网孔电流的参考方向电位上升时，U_S 为正，否则为负。

例 2-10 试用网孔法求图 2-23 电路中各支路电流。

解：设各支路电流和网孔电流的参考方向如图 2-23 所示。

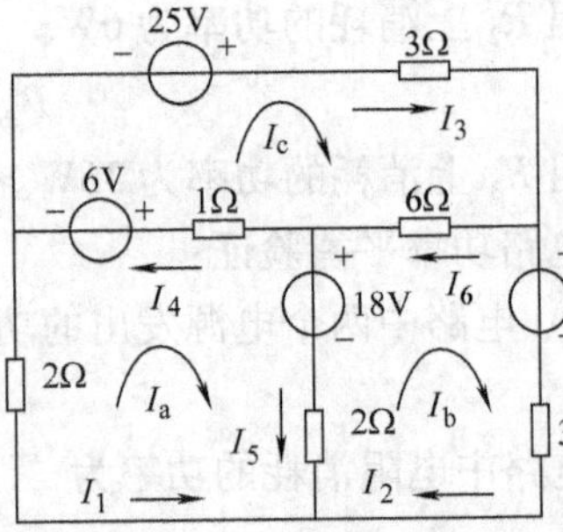

根据网孔电流的一般式，可得

$$
\begin{cases}
(2+1+2)\Omega \times I_a - 2\Omega \times I_b - 1\Omega \times I_c = 6V - 18V \\
-2\Omega \times I_a + (2+6+3)\Omega \times I_b - 6\Omega \times I_c = 18V - 12V \\
-1\Omega \times I_a - 6\Omega \times I_b + (1+3+6)\Omega \times I_c = 25V - 6V
\end{cases}
$$

联立求解得

$$I_a = -1A \quad I_b = 2A \quad I_c = 3A$$

各支路电流分别为

$$I_1 = -I_a = 1A \quad I_2 = I_b = 2A \quad I_3 = I_c = 3A$$

$$I_4 = I_c - I_a = 4A \quad I_5 = I_a - I_b = -3A \quad I_6 = I_c - I_b = 1A$$

图 2-23　例 2-10 图

例 2-11 试用网孔法求图 2-24 电路中的支路电流 I。

解：设网孔电流的参考方向如图 2-24 所示。观察图 2-24，最右边支路中含有一个电流源，右边网孔的电流为已知，即 $I_b = 2A$，不再根据网孔方程的一般式列方程。

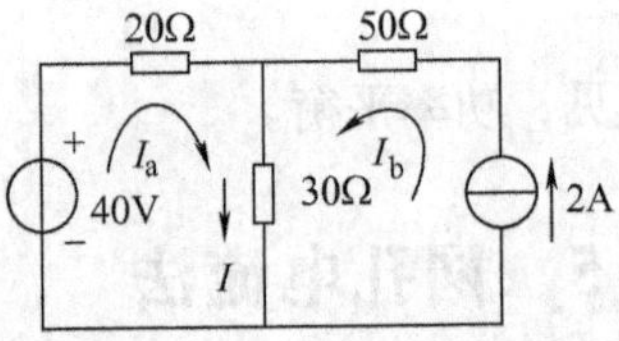

网孔方程为
$$
\begin{cases}
(20+30)\Omega \times I_a + 30\Omega \times I_b = 40V \\
I_b = 2A
\end{cases}
$$

解得
$$I_a = -0.4A$$

则支路电流为

$$I = I_a + I_b = -0.4A + 2A = 1.6A$$

图 2-24　例 2-11 图

从本例可以看出，当含有电流源的支路不是相邻网孔的公共支路时，本网孔的电流即为已知，从而简化了计算。

2.6　节点电压法

1. 节点法

以节点电压为未知数，应用 KCL 列出各节点的电流方程，并联立解出节点电压，再进一步求出各支路电流的方法称为节点电压法。节点电压法简称节点法，它是电路分析中的一种重要方法。

在电路中，任意选择一节点为参考点，其他节点与参考点之间的电压便是节点电压。图 2-25 给出的电路共有三个节点，编号分别为 0、1、2。设节点 0 为参考点，则节点 1、2 的电压分别为 U_{10}、

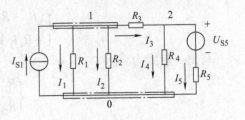

图 2-25　节点电压

U_{20}。根据 KCL 列出如下方程。

节点 1
节点 2

$$\begin{cases} I_{S1} - I_1 - I_2 - I_3 = 0 \\ I_3 - I_4 - I_5 = 0 \end{cases} \tag{2-16}$$

将 $\quad I_1 = \dfrac{U_{10}}{R_1} = G_1 U_{10}, \quad I_2 = \dfrac{U_{10}}{R_2} = G_2 U_{10}, \quad I_3 = \dfrac{U_{10} - U_{20}}{R_3} = G_3(U_{10} - U_{20}),$

$$I_4 = \frac{U_{20}}{R_4} = G_4 U_{20}, \quad I_5 = \frac{U_{20} - U_{S5}}{R_5} = G_5(U_{20} - U_{S5})$$

代入式 (2-16)，整理得

节点 1
节点 2

$$\begin{cases} (G_1 + G_2 + G_3)U_{10} - G_3 U_{20} = I_{S1} \\ -G_3 U_{10} + (G_3 + G_4 + G_5)U_{20} = G_5 U_{S5} \end{cases}$$

写出一般式为

$$\begin{cases} G_{11} U_{10} + G_{12} U_{20} = I_{S11} \\ G_{21} U_{10} + G_{22} U_{20} = I_{S22} \end{cases} \tag{2-17}$$

式中，$G_{11} = G_1 + G_2 + G_3$ 为节点 1 的所有电导之和；$G_{22} = G_3 + G_4 + G_5$ 为节点 2 的所有电导之和，G_{11}、G_{22} 分别称为节点 1、2 的自导，自导总是正的；$G_{12} = G_{21} = -G_3$，G_{12}、G_{21} 代表相邻 1、2 两节点之间的所有公共支路的电导之和，称为互导，互导总是负的；I_{S11}、I_{S22} 分别为 1、2 节点中所有电流源的代数和。当电流源的电流流入节点时前面取正号，电压源和电阻串联支路则变成电流源与电阻并联后同样考虑。

例 2-12 电路如图 2-26 所示，已知电路中各电导均为 1S，$I_{S2} = 5A$，$U_{S4} = 10V$，试求 U_{10}、U_{20} 和各支路电流。

解：以节点 0 为参考点，根据节点法的一般式，列方程

$$\begin{cases} (G_1 + G_3)U_{10} - G_3 U_{20} = I_{S2} \\ -G_3 U_{10} + (G_3 + G_4 + G_5)U_{20} = G_4 U_{S4} \end{cases}$$

注意：与电流源串联的电阻不起作用，列方程时不计入。将已知数据代入上式得

$$\begin{cases} 2S \times U_{10} - 1S \times U_{20} = 5A \\ -1S \times U_{10} + 3S \times U_{20} = 10A \end{cases}$$

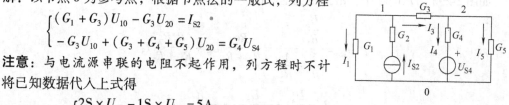

图 2-26 例 2-12 图

解得 $\qquad\qquad\qquad U_{10} = 5V \qquad U_{20} = 5V$

则 $\qquad\qquad\qquad I_1 = G_1 U_{10} = (1 \times 5)A = 5A$

$$I_3 = G_3(U_{10} - U_{20}) = 1 \times (5 - 5)A = 0$$

$$I_4 = G_4(U_{20} - U_{S4}) = 1 \times (5 - 10)A = -5A$$

$$I_5 = G_5 U_{20} = (1 \times 5)A = 5A$$

2. 弥尔曼定理

弥尔曼定理是用来分析仅含两个节点电路的节点法。图 2-27 给出了两节点电路，用节点法时，只需列出一个方程。即

$$\left(\frac{1}{R_1} + \frac{1}{R_2}\right)U_{10} = I_S + \frac{U_{S1}}{R_1} - \frac{U_{S2}}{R_2}$$

$$U_{10} = \frac{I_S + \dfrac{U_{S1}}{R_1} - \dfrac{U_{S2}}{R_2}}{\dfrac{1}{R_1} + \dfrac{1}{R_2}}$$

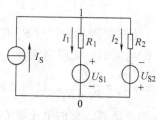

图 2-27 两节点电路

推广到一般情况

$$U_{10} = \frac{\sum G_i U_{Si}}{\sum G_i} \qquad (2\text{-}18)$$

式(2-18)称为弥尔曼定理。

例 2-13　试求如图 2-28 所示电路中的各支路电流。

解：以 0 点为参考点，有

$$U_{10} = \frac{\dfrac{100}{18+2} + \dfrac{100}{2} + 5}{\dfrac{1}{18+2} + \dfrac{1}{20} + \dfrac{1}{10}} \text{V} = \frac{15}{0.2}\text{V} = 75\text{V}$$

选定各支路电流的参考方向如图 2-28 所示，则

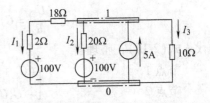

图 2-28　例 2-13 图

$$I_1 = \frac{75-100}{20}\text{A} = -1.25\text{A}$$

$$I_2 = -1.25\text{A}$$

$$I_3 = \frac{75}{10}\text{A} = 7.5\text{A}$$

2.7　叠加定理

叠加定理是分析线性电路的一个重要定理，现举例推导。

如图 2-29a 所示电路中，由弥尔曼定理得

$$U_{ab} = \frac{\dfrac{U_S}{R_1} + I_S}{\dfrac{1}{R_1} + \dfrac{1}{R_2}} = \frac{R_2}{R_1+R_2}U_S + \frac{R_1 R_2}{R_1+R_2}I_S$$

$$I_2 = \frac{U_{ab}}{R_2} = \frac{U_S}{R_1+R_2} + \frac{R_1}{R_1+R_2}I_S$$

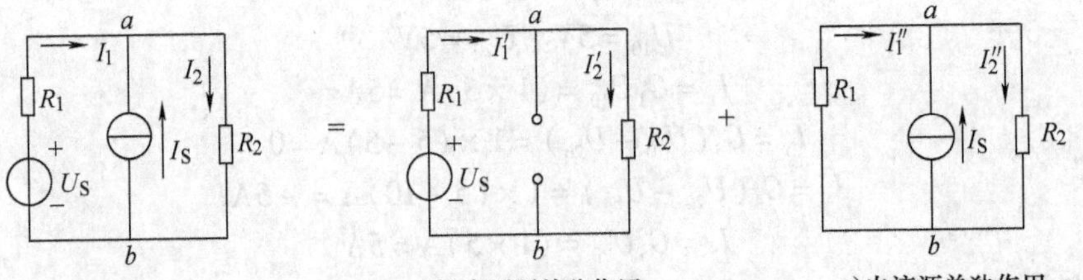

a)电路图　　　　　　　b)电压源单独作用　　　　　　　c)电流源单独作用

图 2-29　叠加定理的验证

上式可理解为流过 R_2 的电流由两部分组成。一部分是只有电压源 U_S 单独作用时，流过 R_2 的电流 I_2'，此时电流源 I_S 不作用，即 $I_S = 0$，以开路代替，如图 2-29b 所示。由欧姆定理可知，$I_2' = \dfrac{U_S}{R_1+R_2}$，恰与上式的第一项相符。另一部分是只有电流源 I_S 单独作用时，流过 R_2 的电流 I_2''，此时电压源 U_S 不作用，即 $U_S = 0$，以短路代替，如图 2-29c 所示。由分流公

式可知，$I''_2 = \dfrac{R_1}{R_1 + R_2} I_s$，恰与上式的第二项相符。

由此可以理解为 $\qquad\qquad\qquad I_2 = I'_2 + I''_2$

同理，可以得出 $\qquad\qquad\qquad U_{ab} = U'_{ab} + U''_{ab}$

将上述结果推广到一般情况，当线性电路中有几个独立电源共同作用（激励）时，各支路的响应（电流或电压）等于各个独立电源单独作用时，在该支路产生的响应（电流或电压）的代数和（叠加）。这个结论称为线性电路的叠加定理。

应用叠加定理时，应注意以下几点：

1）叠加时，电路的连接及所有的电阻不变。电压源不作用，就是用短路线代替；电流源不作用，就是在该电流源处用开路代替。

2）应用叠加定理对电路进行分析，可以分别看出各个电源对电路的影响。尤其是交、直流共同存在的电路。

3）叠加定理的应用条件是：只适用于线性电路（线性电路是指只含有线性电路元件的电路）。

4）由于功率不是电压或电流的一次函数，所以不能用叠加定理来计算功率。

例如，$I_2 = I'_2 + I''_2$，而 $I_2^2 = (I'_2 + I''_2)^2 \neq I'^2_2 + I''^2_2$。所以，电阻 R_2 上吸收的功率

$$I_2^2 R_2 \neq I'^2_2 R_2 + I''^2_2 R_2$$

例 2-14 试用叠加定理求如图 2-30a 所示电路中的电压 U。

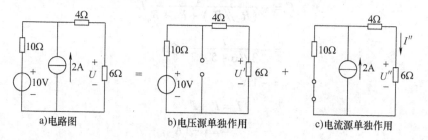

图 2-30 例 2-14 图

解：（1）设电压源单独作用

令 2A 电流源不作用，即以开路替代，电路如图 2-30b 所示，根据分压公式得

$$U' = \frac{6}{10 + 4 + 6} \times 10\text{V} = 3\text{V}$$

（2）设电流源单独作用

令 10V 电压源不作用，即用短路线代替，电路图如图 2-30c 所示，根据分流公式得

$$I'' = \frac{10}{4 + 6 + 10} \times 2\text{A} = 1\text{A}$$

所以 $\qquad\qquad U'' = 6\Omega \times I'' = 6 \times 1\text{V} = 6\text{V}$

（3）叠加

$$U = U' + U'' = 3\text{V} + 6\text{V} = 9\text{V}$$

例 2-15 在如图 2-31 所示电路中，已知 $U_s = 42\text{V}$，$R_1 = 3\Omega$，$R_2 = 6\Omega$，$R_3 = 5\Omega$，$R_4 = 7\Omega$，$I_s = 2\text{A}$。（1）试用叠加定理求流过电阻 R_3 的电流。（2）计算 R_3 的功率。（3）若电流源

I_S 从 2A 增至 3A，R_3 中的电流将是多少？

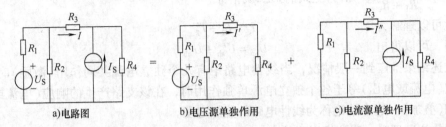

a)电路图   b)电压源单独作用   c)电流源单独作用

图 2-31　例 2-15 图

解：（1）根据叠加定理，作出图 2-31a 的分解图，如图 2-31b、c 所示。

图 2-31b 中，根据分流公式得

$$I' = \frac{U_S}{R_1 + [R_2 // (R_3 + R_4)]} \times \frac{R_2}{R_2 + R_3 + R_4}$$

$$= \frac{42}{3 + 6//12} \times \frac{6}{6 + 5 + 7} A$$

$$= 2A$$

图 2-31c 中，根据分流公式得

$$I'' = -\frac{R_4}{(R_1 // R_2) + R_3 + R_4} I_S$$

$$= -\frac{7}{3//6 + 5 + 7} \times 2A$$

$$= -1A$$

所以
$$I = I' + I''$$
$$= 2A - 1A$$
$$= 1A$$

（2）R_3 的功率计算

$$P = I^2 R_3 = 1^2 \times 5W = 5W$$

（3）由题意知，I_S 的变化量为 $\Delta I_S = 3A - 2A = 1A$。只要将 $\Delta I_S = 1A$ 单独作用时流过 R_3 的电流求出即可。电路同图 2-31c，将 ΔI_S 替代图中的 I_S 即可。所以，在 ΔI_S 的单独作用下，有

$$\Delta I''' = -\frac{R_4}{(R_1 // R_2) + R_3 + R_4} \Delta I_S$$

$$= -\frac{7}{3//6 + 5 + 7} \times 1A$$

$$= -0.5A$$

故
$$I = I' + I'' + \Delta I'''$$
$$= 2A - 1A - 0.5A$$
$$= 0.5A$$

2.8　戴维南定理

1. 二端网络

前面已经介绍过，凡具有两个引出端钮的网络，不管其内部结构如何，都称为二端网络。二端网络又分有源二端网络和无源二端网络。

图 2-32a 给出的内部含有电源的二端网络称为有源二端网络，其符号如图 2-32b 所示。

图 2-33a 给出的内部不含电源的二端网络称为无源二端网络，其符号如图 2-33b 所示。

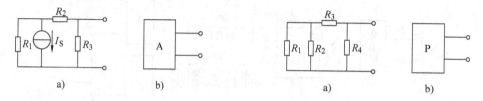

图 2-32　有源二端网络及其符号　　　　图 2-33　无源二端网络及其符号

显然，对二端网络来说，从一个端钮流出的电流必然等于从另一个端钮流入的电流。因此，二端网络又称为一端口网络。

2. 戴维南定理

在电路分析中，经常要分析有源二端网络带负载的能力。

如图 2-34a 所示电路中，a、b 两端左边是一个有源二端网络，需求出流过负载 R_L 的电流 I_L。经过电源等效变换，将图 2-34a 转化为图 2-34e。

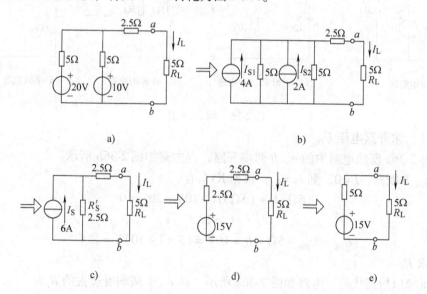

图 2-34　戴维南定理的引出

$$I_L = \frac{15}{5+5} A = 1.5 A$$

显然，此有源二端网络能够等效成为一个实际电压源。那么，是否能直接求出此实际电压源的电压和内阻呢？戴维南定理是分析电路时经常用到的一个重要定理。

一般来说，任何一个线性有源二端网络，都可以用一个电压源 U_{OC} 和一个电阻 R_i 相串联的电路模型来等效。电压源的电压 U_{OC} 等于该有源二端网络的开路电压，电阻 R_i 等于该有源二端网络化为无源二端网络(将网络中的所有独立电源去掉，即电压源以短路代替，电流源以开路代替)后，从 a、b 两端看过去的等效电阻。R_i 称为戴维南等效电阻，这就是戴维南定理。

戴维南定理的图解如图 2-35 所示。

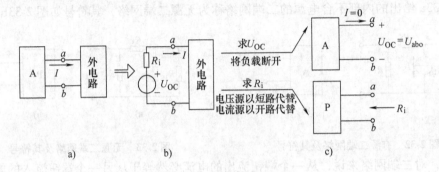

a)   b)   c)

图 2-35　戴维南定理的图解

例 2-16　用戴维南定理计算如图 2-36 所示电路中的电流 I_3。

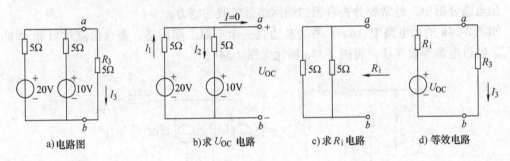

a)电路图　　b)求 U_{OC} 电路　　c)求 R_i 电路　　d)等效电路

图 2-36　例 2-16 图

解：（1）求开路电压 U_{OC}

将如图 2-36a 所示电路中的 a、b 两端开路，得电路如图 2-36b 所示。

由于 a、b 断开，$I=0$，则 $I_1=I_2$，根据 KVL 有

$$(5\Omega)I_1 + (5\Omega)I_2 + 10V - 20V = 0$$

$$I_2 = 1A$$

$$U_{OC} = U_{abo} = 5\Omega \times I_2 + 10V = (5 \times 1 + 10)V = 15V$$

（2）求 R_i

将电压源以短路代替，电路如图 2-36c 所示，从 a、b 两端看过去的 R_i 为

$$R_i = \frac{5 \times 5}{5 + 5}\Omega = 2.5\Omega$$

（3）画等效电路图，并求电流 I_3，等效电路如图 2-36d 所示。

$$I_3 = \frac{U_{OC}}{R_i + R_3} = \frac{15}{2.5 + 5}A = 2A$$

提示：请与例 2-7 作比较，从而体会两种方法的特点。

例 2-17　用戴维南定理计算如图 2-37a 所示电路中的电压 U。

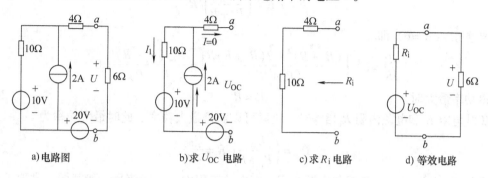

a) 电路图　　　　b) 求 U_{OC} 电路　　　c) 求 R_i 电路　　　d) 等效电路

图 2-37　例 2-17 图

解：（1）求开路电压 U_{OC}

将图 2-37a 所示电路中的 a、b 两端开路，电路如图 2-37b 所示。

由于 a、b 断开，$I = 0$，$I_1 = I_2 = 2A$，即流过 10Ω 电阻的电流为 2A，方向自上而下。

根据 KVL

$$U_{OC} = 10\Omega \times I_1 + 10V + 20V = (10 \times 2 + 30)V = 50V$$

（2）求 R_i

将电压源以短路代替，电流源以开路代替，电路如图 2-37c 所示，从 a、b 两端看过去的 R_i 为

$$R_i = 4\Omega + 10\Omega = 14\Omega$$

（3）画等效电路图，并求电压 U

等效电路如图 2-37d 所示，由分压公式得

$$U = \frac{6\Omega}{6\Omega + R_i}U_{OC} = \frac{6}{6+14} \times 50V = 15V$$

3. 诺顿定理

线性有源二端网络，除了用电压源与电阻串联的模型等效替代外，还可以用一个电流源 I_S 与电阻 R_S' 并联的等效模型替代。这个结论称为诺顿定理，其等效电路称为诺顿等效电路，如图 2-38 所示。

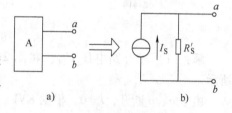

图 2-38　诺顿等效电路

戴维南定理与诺顿定理统称为等效电源定理。戴维南等效电路与诺顿等效电路，可以通过电源模型之间的等效变换得到。

4. 最大功率传输

任何一个线性含源二端网络，应用戴维南定理（或诺顿定理）都可以等效为一个实际电压源（或实际电流源），如图 2-39 所示。实际电压源的端电压与所连接的负载有关，负载不同，端电压不同，负载获得的功率也不同。在什么条件下，负载能获得最大功率？

设负载电阻为 R，则当 R 很大时，流过 R 的电流很小，因而 R 获得的功率 I^2R 很小；如果 R 很小，功率同样也很小；在 $R = 0$ 和 $R = \infty$ 之间将有一个电阻值可使负载获得最大的功率。由图 2-39 可知，负载电阻 R

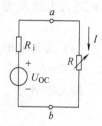

图 2-39　最大功率传输

消耗的功率为

$$P = I^2 R = \left(\frac{U_{OC}}{R_i + R}\right)^2 R$$

要使 $dP/dR = 0$，即

$$\frac{dP}{dR} = U_{OC}^2 \left[\frac{(R_i + R)^2 - 2(R_i + R)R}{(R_i + R)^4}\right] = \frac{U_{OC}^2(R_i - R)}{(R_i + R)^3} = 0$$

由此得功率最大时 $\qquad\qquad R = R_i$ $\qquad\qquad$ (2-19)

即当负载电阻 R 和电源内阻 R_i 相等时，负载可以获得最大功率。此时最大功率为

$$P_M = \left(\frac{U_{OC}}{R_i + R}\right)^2 R = \frac{U_{OC}^2}{4R_i} \qquad\qquad (2\text{-}20)$$

满足 $R = R_i$ 时，称为负载与电源匹配。在电信工程中，由于信号一般很弱，常要求从信号源获得最大功率（例如收音机中供给扬声器的功率），因而必须满足匹配条件，但此时传输效率很低。在电力工程中，输送功率很大，效率非常重要，故应使电源内阻（以及输电线路电阻）远小于负载电阻。

例 2-18　如图 2-40a 所示电路中，电阻 R 取何值时可以获得最大功率，并求最大功率。

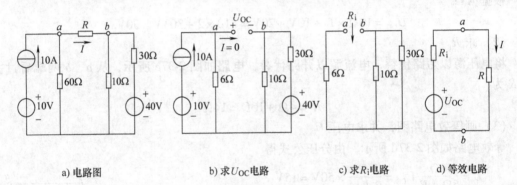

a) 电路图　　　　b) 求 U_{OC} 电路　　　　c) 求 R_i 电路　　　　d) 等效电路

图 2-40　例 2-18 图

解：（1）求开路电压 U_{OC}。将图 2-40a 所示电路中的 a、b 两端开路，电路如图 2-40b 所示。

由于 a、b 断开，$I = 0$，根据 KVL

$$U_{OC} = 10A \times 6\Omega - \frac{10}{10 + 30} \times 40V = 50V$$

（2）求 R_i。将电压源以短路代替，电流源以开路代替，电路如图 2-40c 所示，从 a、b 两端看过去的 R_i 为

$$R_i = 6\Omega + 10 /\!/ 30\Omega = 13.5\Omega$$

（3）画等效电路图，求最大功率。等效电路如图 2-40d 所示，由最大功率传输定理可知，当 $R = R_i = 13.5\Omega$ 时，可获得最大功率。

最大功率为

$$P_M = \left(\frac{U_{OC}}{R_i + R}\right)^2 R = \frac{U_{OC}^2}{4R_i} = \frac{50^2}{4 \times 13.5}W = 46.3W$$

2.9 含受控源电路的分析

前面介绍的电源都是独立电源，独立电源是指电压源的电压、电流源的电流不受外电路的控制而独立存在的电源。此外，工程上还有一种电源，即电压源的电压或电流源的电流受电路中某元件两端的电压或某支路的电流控制，这类电源统称为受控电源，简称受控源。

1. 受控源的类型

如图 2-41 所示为四种理想的受控源。受控源的电路图符号用菱形符号表示，其受控电压源和受控电流源参考方向的表示方法和相应的独立源一样。

受控源有两个量，一个是控制量，另一个是被控制量。按被控制量分，有电压源和电流源；按控制量分有电压和电流。因此，受控源有四种类型。

（1）电压控制电压源（VCVS）　图 2-41a 中，输出电压 U_2 是受输入电压 U_1 控制的，其外特性为

$$U_2 = \mu U_1$$

式中，μ 称为转移电压比，或电压放大系数，没有量纲。

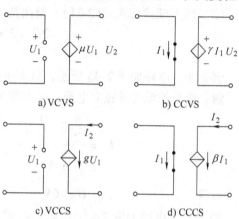

图 2-41　四种理想的受控源

（2）电流控制电压源（CCVS）

图 2-41b 中，输出电压 U_2 是受输入电流 I_1 控制的，其外特性为

$$U_2 = \gamma I_1$$

式中，γ 是输出电压与输入电流之比，具有电阻的量纲，称为转移电阻，单位为 Ω。

（3）电压控制电流源（VCCS）

图 2-41c 中，输出电流 I_2 是受输入电压 U_1 控制的，其外特性为

$$I_2 = g U_1$$

式中，g 是输出电流与输入电压之比，具有电导的量纲，称为转移电导，单位为 S。

（4）电流控制电流源（CCCS）　图 2-41d 中，输出电流 I_2 是受输入电流 I_1 控制的，其外特性为

$$I_2 = \beta I_1$$

式中，β 是输出电流与输入电流之比，称为电流放大系数，没有量纲。

当系数 μ、g、γ、β 为常数时，表明受控量与控制量成正比，这种受控源称为线性受控源。本节仅讨论线性受控源。

2. 含受控源电路的分析方法

对含有受控源的线性电路，分析时，可以运用前面几节所讲的方法，将受控源看成独立电源，带上控制量即可。但应注意，应用叠加定理和戴维南定理解题时，电源不作用仅指独立电源，受控源应保留。另外，控制量和被控制量应共存亡。

例 2-19 试求如图 2-42 所示电路中的电流 I。

解：（1）将受控源看成独立电源，应用 KVL 列方程，取绕行方向为顺时针方向，则有

$$-U_1 + U_2 + U_3 - 6V = 0 \qquad (2\text{-}21)$$

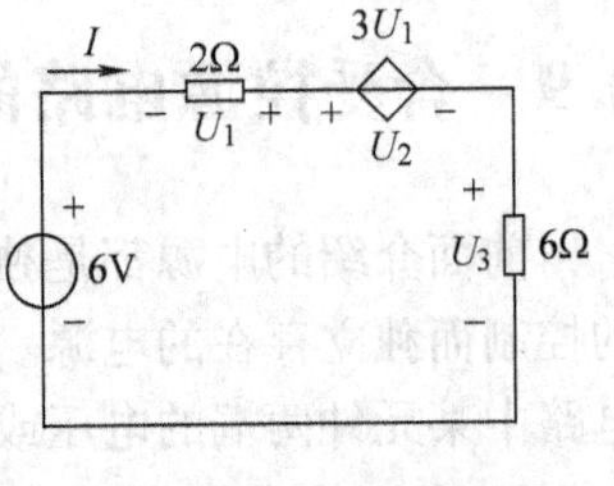

（2）因电路中含有一个电压控制电压源，其控制量是 U_1，被控制量为 U_2，转移电压比 $\mu = 3$。还需寻找其他方程。由图可得

$$U_1 = -2A \times I = -2I$$
$$U_3 = 6A \times I = 6I$$

（3）将上两式代入式（2-21），解出待求电流，得

$$-(-2I) + 3 \times (-2I) + 6I - 6V = 0$$
$$I = 3A$$

例 2-20 电路如图 2-43 所示，试求电压 U_2。

解：将受控源看成独立电源，根据弥尔曼定理，列方程为

$$U_2 = \frac{\dfrac{8}{2}V - \dfrac{1}{6}U_2}{\dfrac{1}{2} + \dfrac{1}{3}}$$

解得

$$U_2 = 6V$$

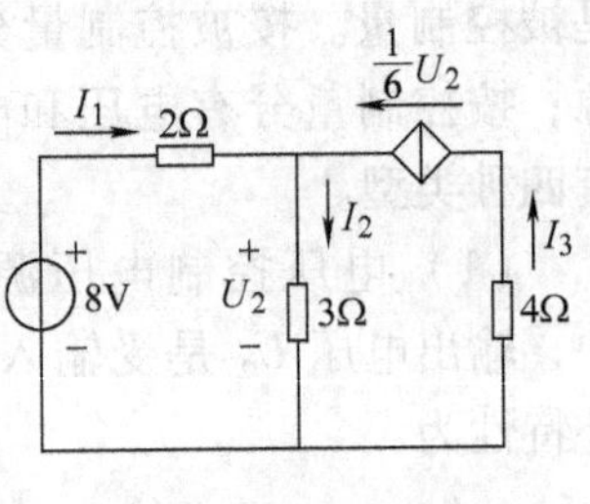

图 2-42　例 2-19 图

图 2-43　例 2-20 图

例 2-21 电路如图 2-44a 所示，试用两种电源模型的等效变换求电流 I。

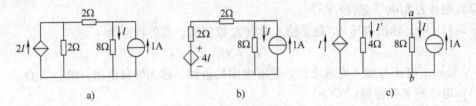

图 2-44　例 2-21 图

解：将受控源看成独立电源，根据式（2-11）和式（2-12）得等效图如图 2-44b、c 所示。在 2-44c 图中，对节点 a，列写 KCL 方程

$$I - I' - I + 1A = 0$$

又因

$$U_{ab} = 8\Omega \times I$$

则

$$I' = \frac{U_{ab}}{4\Omega} = \frac{8\Omega \times I}{4\Omega} = 2I$$

故

$$I - 2I - I + 1A = 0$$

解方程得

$$I = 0.5A$$

注意：本例中为什么没有将 8Ω 电阻和 1A 电流源组成的实际电流源模型变换成实际电压源模型？因为一旦变换，控制量 I 就消失了。

本 章 小 结

1. 电路的基本分析方法——KCL、KVL 的应用

（1）支路电流法　支路电流法是以支路电流为未知数，根据 KCL 和 KVL 列方程的一种方法。

（2）网孔电流法　以假想的网孔电流为未知数，应用 KVL 列出各网孔的电压方程，并联立解出网孔电流，再进一步求出各支路电流的方法称为网孔电流法。

一般式为
$$\begin{cases} R_{11}I_a + R_{12}I_b = U_{S11} \\ R_{21}I_a + R_{22}I_b = U_{S22} \end{cases}$$

（3）节点电压法　以节点电压为未知数，应用 KCL 列出各节点的电流方程，并联立解出节点电压，再进一步求出各支路电流的方法称为节点电压法。

一般式为
$$\begin{cases} G_{11}U_{10} + G_{12}U_{20} = I_{S11} \\ G_{21}U_{10} + G_{22}U_{20} = I_{S22} \end{cases}$$

2. 等效变换

1）等效是对外电路等效。

2）无源二端网络的等效。电阻的串联
$$R = R_1 + R_2 + \cdots + R_n$$

电阻的并联
$$\frac{1}{R} = \frac{1}{R_1} + \frac{1}{R_2} + \cdots + \frac{1}{R_n}$$

3）有源二端网络的等效。

① 实际电压源与实际电流源的等效。
$$U_S = I_S R'_S$$
$$R_S = R'_S$$

② 等效电源定理——戴维南定理。任何一个线性有源二端网络，可以用一个电压源 U_{OC} 和一个电阻 R_i 的串联电路等效，U_{OC} 等于该二端网络的开路电压，R_i 等于该二端网络去掉电源后的等效电阻。

3. 最大功率传输

当 $R = R_i$ 时，可获得最大功率。最大功率为
$$P_M = \frac{U_{OC}^2}{4R_i}$$

思考题与习题

2-1　如图 2-45 所示电路中，已选定 o 点为电位参考点，已知 $V_a = 30V$，试求：

（1）电阻 R_{ab} 和 R_{ao}。

（2）b 点电位 V_b。

2-2　试求如图 2-46 所示电路中的 I、U。

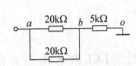

图 2-45　题 2-1 图

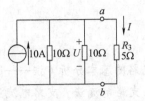

图 2-46　题 2-2 图

2-3　一个内阻 R_g 为 2500Ω，电流 I_g 为 100μA 的表头，如图 2-47 所示，现要求将表头电压量程扩大为 2.5V、50V、250V 三挡，求所需串联的电阻 R_1、R_2、R_3 的阻值。

2-4　现有一个内阻 R_g 为 2500Ω，电流 I_g 为 100μA 的表头，如图 2-48 所示，要求将表头电流量程扩大为 1mA、10mA、1A 三挡，求所需串联的电阻 R_1、R_2、R_3 的阻值。

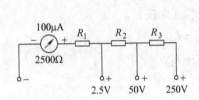

图 2-47　题 2-3 图

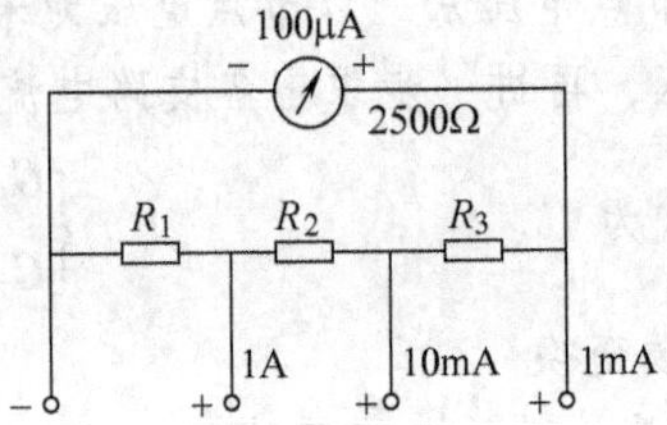

图 2-48　题 2-4 图

2-5　试求如图 2-49 所示电路的等效电阻 R_{ab}。

2-6　如图 2-50 所示电路中，已知 $R_1 = R_2 = R_3 = 6Ω$，$R_4 = R_5 = R_6 = 30Ω$。（1）将 R_2、R_3、R_4 变换为星形网络，求 R_{ab}。（2）将 R_4、R_5、R_6 变换为星形网络，求 R_{ab}。

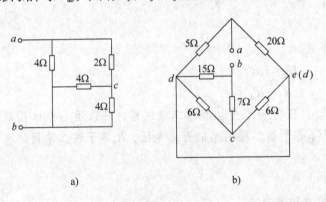

a)　　　　　　　　b)

图 2-49　题 2-5 图

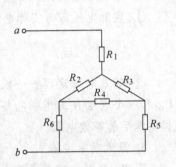

图 2-50　题 2-6 图

2-7　将如图 2-51a、b 所示电路中的电压源与电阻串联组合等效变换为电流源与电阻的并联组合；将如图 2-51c、d 所示电路中的电流源与电阻的并联组合等效变换为电压源与电阻的串联组合。

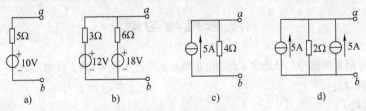

a)　　　　b)　　　　c)　　　　d)

图 2-51　题 2-7 图

2-8 试用支路电流法求如图 2-52 所示电路中各支路的电流。

2-9 试用支路电流法求如图 2-53 所示电路中各支路的电流。

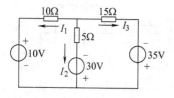

图 2-52 题 2-8 图

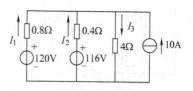

图 2-53 题 2-9 图

2-10 试用网孔电流法求如图 2-54 所示电路中各支路的电流。

2-11 试用网孔电流法求如图 2-55 所示电路中的电流 I。

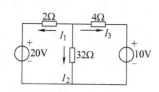

图 2-54 题 2-10 图

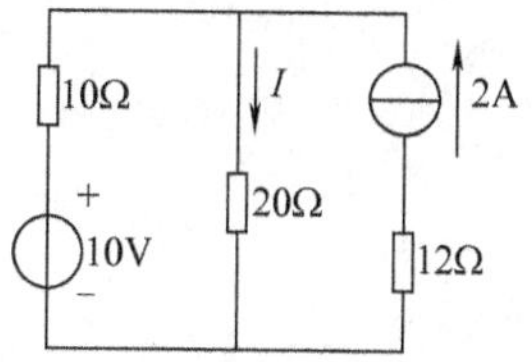

图 2-55 题 2-11 图

2-12 用节点法求如图 2-56 所示电路中各支路的电流，已知 $I_{S1} = 10A$，$I_{S2} = 5A$，$R_1 = 2\Omega$，$R_2 = 3\Omega$，$R_3 = 6\Omega$，$R_4 = 2\Omega$。

2-13 试用叠加定理求如图 2-57 所示电路中的电流 I。

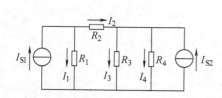

图 2-56 题 2-12 图

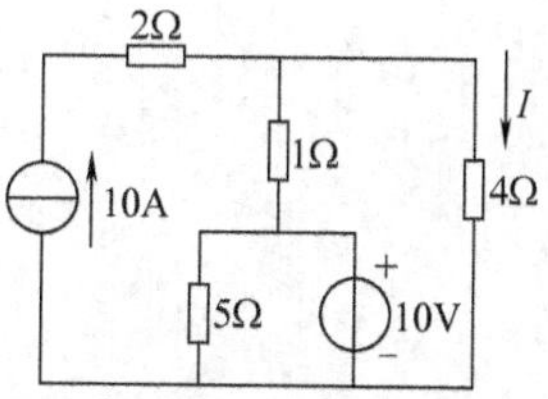

图 2-57 题 2-13 图

2-14 试用戴维南定理化简如图 2-58a、b 所示电路。

2-15 试用戴维南定理求如图 2-59 所示电路中的电流 I。

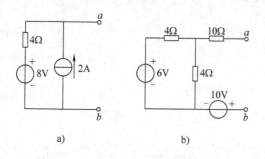

a)   b)

图 2-58 题 2-14 图

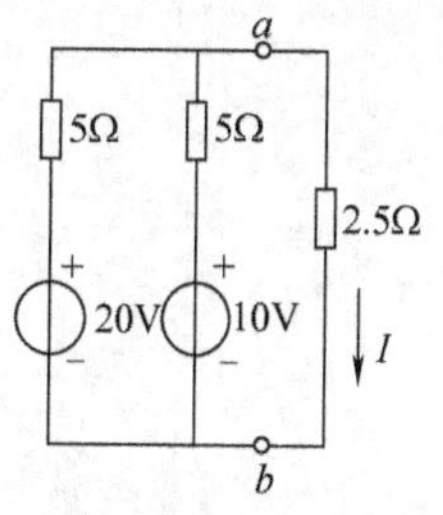

图 2-59 题 2-15 图

2-16 电路如图 2-60 所示，电阻 R 取何值时可以获得最大功率，并求最大功率。

2-17 试求如图 2-61 所示电路中受控源电路中 R_L 两端的电压 U。

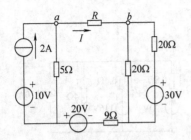

图 2-60　题 2-16 图

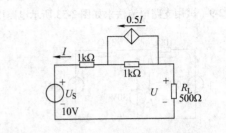

图 2-61　题 2-17 图

2-18　试求如图 2-62 所示电路中的电流 I。

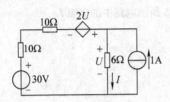

图 2-62　题 2-18 图

第 3 章

正弦交流电路的基本概念和基本定律

学习目标

本章学习正弦交流电路，其中的电流与电压均按正弦规律变化。世界各国的电力系统大多采用正弦交流电，交流电的使用比直流电更为广泛。

3.1　正弦量

在正弦交流电路中，由于电流和电压的大小和方向都随时间的变化而不断变化，因此，在所标参考方向下的值也在正负交替。如图 3-1a 所示电路，交流电路的参考方向已经标出，其电流波形如图 3-1b 所示。当电流在正半周时，$i > 0$，表明电流的实际方向与参考方向相同；当电流在负半周时，$i < 0$，表明电流的实际方向与参考方向相反。

正弦电流、电压等物理量按正弦规律变化，因此常称为正弦量。其解析式如下

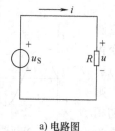
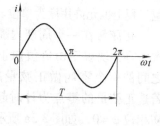

a) 电路图　　　　b) 波形图

$$i = I_m \sin(\omega t + \varphi_i)$$
$$u = U_m \sin(\omega t + \varphi_u)$$

图 3-1　交流电路及电流波形图

从式中可知，当 I_m、ω 和 φ_i 三个量确定以后，电流 i 就被惟一的确定下来了。因此，这三个量就称为正弦量的三要素。

1. 正弦量的三要素

（1）振幅值（最大值）　正弦量在任一瞬时的值称为瞬时值，用小写字母表示，如 i、u 分别表示电流及电压的瞬时值。正弦量瞬时值中的最大值称为振幅值，也叫最大值或峰值，用大写字母加下标 m 表示，如 I_m、U_m 分别表示电流及电压的振幅值。如图 3-2 所示的波形分别表示两个振幅不同的正弦交流电压。

（2）角频率　角频率是描述正弦量变化快慢的物理量。正弦量在单位时间内所经历的电角度称为角频率，用字母 ω 表示，即

$$\omega = \frac{\alpha}{t}$$

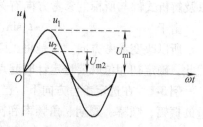

ω 的单位为弧度/秒（rad/s）。

在工程中，还常用周期或频率表示正弦量变化的快

图 3-2　振幅值不同的正弦交流电压

慢。正弦量完成一次周期性变化所需要的时间称为正弦量的周期，用 T 表示，周期的单位是秒(s)。正弦量在 1 秒钟内完成周期性变化的次数称为正弦量的频率，用 f 表示。频率的单位是赫兹，简称赫(Hz)。

根据定义，周期和频率的关系应互为倒数关系，即

$$f = \frac{1}{T} \tag{3-1}$$

在一个周期 T 内，正弦量经历的电角度为 2π 弧度，所以角频率 ω 与周期 T 和频率 f 的关系是

$$\omega = \frac{2\pi}{T} = 2\pi f \tag{3-2}$$

我国和世界上大多数国家电力工业的标准频率为 50Hz，工程上称它为工频。它的周期为 0.02s，电流的方向每秒钟变化 100 次，它的角频率为 314rad/s。

（3）初相　在正弦量的解析式中，角度 $(\omega t + \varphi)$ 称为正弦量的相位角，简称相位，它是一个随时间变化的量，不仅决定正弦量瞬时值的大小和方向，而且还能描述正弦量变化的趋势。

初相位是指 $t = 0$ 时的相位，用符号 φ 表示。正弦量的初相位确定了正弦量在计时起点的瞬时值。计时起点不同，正弦量的初相位不同，相位也不相同。相位和初相位都和计时起点的选择有关。规定初相位 $|\varphi|$ 不超过 π 弧度，即 $-\pi \leqslant \varphi \leqslant \pi$。相位和初相位的单位通常为弧度，但工程上也允许用度为单位。

正弦量在一个周期内瞬时值两次为零，现规定由负值向正值变化之间的一个零叫做正弦量的零点。若选正弦量的零点为计时起点，则初相位 $\varphi = 0$，如图 3-3a 所示。初相位为正，即 $t = 0$ 时正弦量之值为正，零点在计时起点之左，如图 3-3b、c 所示。初相位为负，则零点在计时起点之右，如图 3-3d 所示。如图 3-3 所示是不同初相位时的几种正弦交流电流的解析式和波形图。

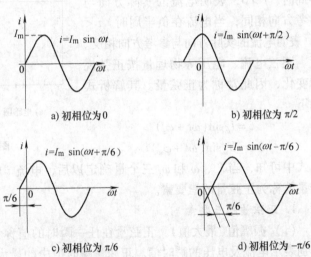

a) 初相位为 0

b) 初相位为 $\pi/2$

c) 初相位为 $\pi/6$

d) 初相位为 $-\pi/6$

图 3-3　初相位不同的几种正弦交流电流的解析式和波形图

正弦量的瞬时值与参考方向是对应的，改变参考方向，瞬时值将异号，所以正弦量的初相位、相位以及解析式都与所标的参考方向有关。

由于

$$-I_{\mathrm{m}}\sin(\omega t + \varphi_i) = I_{\mathrm{m}}\sin(\omega t + \varphi_i \pm \pi)$$

所以改变参考方向，就是将正弦量的初相位加上（或减去）π，而不影响振幅和角频率。因此，确定初相位既要选定计时起点，又要选定参考方向。

例 3-1　在选定参考方向下，已知正弦量的解析式为 $i = 10\sin(314t + 240°)$ A。试求正弦量的振幅、频率、周期、角频率和初相位。

解：　　　　　　　　　　$i = 10\sin(314t + 240°)$ A $= 10\sin(314t - 120°)$ A

则

$$I_m = 10A$$

$$\omega = 314 \text{rad/s}$$

$$T = \frac{2\pi}{\omega} = \frac{2\pi}{314} = \frac{1}{50} = 0.02S$$

$$f = \frac{\omega}{2\pi} = \frac{314}{2\pi} = 50\text{Hz}$$

$$\varphi_i = -120°$$

例 3-2 已知一正弦电压的解析式为 $u = 311\sin\left(\omega t + \frac{\pi}{4}\right)$V，频率为工频，试求 $t = 2s$ 时的瞬时值。

解：工频 $f = 50\text{Hz}$

角频率 $\qquad\qquad\qquad \omega = 2\pi f = 100\pi\text{rad/s} = 314\text{rad/s}$

当 $t = 2s$ 时，有

$$u = 311\sin\left(100\pi \times 2 + \frac{\pi}{4}\right)V = 311\sin\frac{\pi}{4}V = 311 \times \frac{\sqrt{2}}{2}V = 220V$$

2. 相位差

两个同频率正弦量的相位之差称为相位差，用 φ 表示。例如

$$u = U_m\sin(\omega t + \varphi_u)$$

$$i = I_m\sin(\omega t + \varphi_i)$$

它们两个正弦量的相位差为

$$\varphi = (\omega t + \varphi_u) - (\omega t + \varphi_i) = \varphi_u - \varphi_i$$

上式表明，同频率正弦量的相位差等于它们的初相位之差，不随时间改变，是个常量，与计时起点的选择无关。如图 3-4 所示，相位差就是相邻两个零点（或正峰值）之间所间隔的相位角。

在如图 3-4 所示的波形图中，u 与 i 之间有一个相位差，u 比 i 先到达零点或峰值点，$\varphi = \varphi_u - \varphi_i > 0$，则称 u 比 i 在相位上超前 φ 角，或者说 i 比 u 滞后 φ 角。因此相位差是描述两个同频率正弦量之间的相位关系，即到达某个值的先后次序的一个特征量。规定其绝对值不超过 $180°$，即 $|\varphi| \leqslant 180°$。

若 $\varphi = 0$，即两个同频率正弦量的相位差为零，这样两个正弦量将同时到达零值或振幅值。称这两个正弦量为同相，波形如图 3-5a 所示。

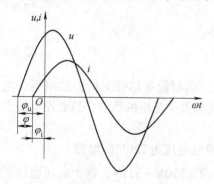

图 3-4 初相位不同的正弦波形

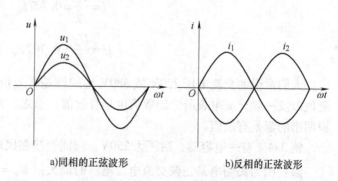

a)同相的正弦波形　　　　　　　　　b)反相的正弦波形

图 3-5 同相与反相的正弦波形

若 $\varphi = \pi$，即两个同频率正弦量的相位差为 180°，这样一个正弦量达到正峰值时，另一个正弦量刚好在负峰值，称这两个正弦量反相，波形如图 3-5b 所示。

例 3-3 两个同频率正弦交流电的波形如图 3-6 所示，试写出它们的解析式，并计算两者之间的相位差。

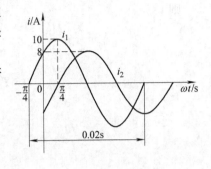

图 3-6 例 3-3 图

解：解析式为

$$i_1 = 10\sin\left(314t + \frac{\pi}{4}\right) \text{A}$$

$$i_2 = 8\sin\left(314t - \frac{\pi}{4}\right) \text{A}$$

相位差为

$$\varphi = \varphi_{i1} - \varphi_{i2} = \frac{\pi}{4} - \left(-\frac{\pi}{4}\right) = \frac{\pi}{2}$$

i_1 比 i_2 超前 90°，也即 i_2 滞后 i_1 90°。

3.2 交流电的有效值

1. 有效值的定义

交流电的大小是变化的，若用最大值衡量它们的大小显然夸大了它们的作用，随意用某个瞬时值表示肯定是不准确的，如何用某个数值准确地描述交流电的大小呢？人们通过电流的热效应来确定。把一个交流电 i 与直流电 I 分别通过两个相同的电阻，如果在相同的时间内产生的热量相等，则这个直流电 I 的数值就叫做交流电 i 的有效值。有效值的表示方法与直流电相同，即用大写字母 U、I 分别表示交流电的电压与电流的有效值。

据此定义可得

$$\int_0^T i^2 R \mathrm{d}t = I^2 RT$$

交流电的有效值为

$$I = \sqrt{\frac{1}{T}\int_0^T i^2 \mathrm{d}t}$$

2. 正弦量的有效值

若交流电为正弦交流电，则其有效值和最大值之间经理论计算符合下列关系

$$I = \frac{I_{\mathrm{m}}}{\sqrt{2}} = 0.707 I_{\mathrm{m}} \tag{3-3}$$

$$U = \frac{U_{\mathrm{m}}}{\sqrt{2}} = 0.707 U_{\mathrm{m}} \tag{3-4}$$

人们常说的交流电压 220V 或 380V 指的就是有效值。电器设备铭牌上所标的电压、电流值以及一般交流电表所测的数值也是有效值。总之，凡涉及交流电的数值，只要没有特别说明指的都是有效值。

例 3-4 有一电容器，耐压为 250V，问能否接在民用电电压为 220V 的电源上。

解：因为民用电是正弦交流电，电压的最大值 $U_{\mathrm{m}} = \sqrt{2} \times 220\text{V} = 311\text{V}$，这个电压超过了电容器的耐压值，可能击穿电容器，所以不能接在 220V 的电源上。

3.3 正弦量的相量表示法

已经学过正弦量的两种表示方法，一种是解析式，即三角函数表示法，另一种是波形图表示法。此外，正弦量还可用相量表示，相量即复数。为此先复习复数的有关知识。

1. 复数

1）复数的表示。$\sqrt{-1}$ 叫虚单位，数学上用 i 表示，电工中 i 用来表示电流，所以，用 j 代表虚单位，即

$$j = \sqrt{-1}$$

习惯上把 j 写在数字的前面。实数与 j 的乘积称为虚数。由实数和虚数组合而成的数称为复数。

复数的代数形式为

$$A = a + jb \tag{3-5}$$

式中，a、b 均为实数，a 称为复数的实部，b 称为复数的虚部。

在直角坐标系中，把横轴称为实轴，把纵轴称为虚轴，分别用来表示复数的实部和虚部，两个坐标轴所确定的平面称为复平面。每一个复数都可以在复平面上用一个点来表示，而复平面上的每一个点都对应着一个复数。如图 3-7 所示，复数 $A = 3 + j4$ 可用复平面上的 A 点表示，复平面上的 B 点表示复数 $B = -2 + j3$。

复数还可以用复平面上的矢量来表示。如图 3-8 所示，连接原点 O 到 A 点的有向线段，称为矢量，其长度 r 称为复数 A 的模，模只取正值。矢量与实轴正方向的夹角 θ 称为复数 A 的幅角。这样，复数就可以用模 r 和幅角 θ 来表示，即

$$A = r \underline{/\theta} \tag{3-6}$$

上式称为复数的极坐标形式。

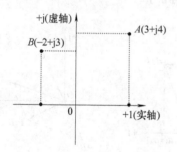

图 3-7 复数在复平面上的坐标

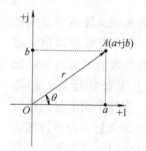

图 3-8 复数的矢量表示

从图 3-8 中可以看出，复数 A 的模 r、实部 a 和虚部 b 刚好组成了一个直角三角形。由三角函数知识可以得出

$$\begin{cases} a = r\cos\theta \\ b = r\sin\theta \end{cases} \tag{3-7}$$

$$\begin{cases} r = |A| = \sqrt{a^2 + b^2} \\ \theta = \arctan \dfrac{b}{a} \end{cases} \tag{3-8}$$

这样，复数又可以写成

$$A = a + jb = |A|\cos\theta + j|A|\sin\theta = r\cos\theta + jr\sin\theta$$

上式称为复数的三角函数形式。

复数的代数形式、极坐标形式和三角函数形式可以相互转换。

例3-5 写出下列复数的极坐标形式。

（1） $3 + j4$ （2） $5 - j8$

解： 根据式(3-8)可得

（1） $r = \sqrt{3^2 + 4^2} = 5$ $\theta = \arctan\dfrac{4}{3} = 53.13°$

所以 $A_1 = 5\ \underline{/53.13°}$

（2） $r = \sqrt{5^2 + (-8)^2} = 9.43$ $\theta = \arctan\dfrac{-8}{5} = -57.99°$

所以 $A_2 = 9.43\ \underline{/-57.99°}$

例3-6 写出下列复数的代数形式。

（1） $A_1 = 6\ \underline{/42°}$ （2） $A_2 = 18\ \underline{/108.6°}$

解： 根据公式 $a = r\cos\theta$， $b = r\sin\theta$ 可得

（1） $a = 6\cos42° = 4.46$ $b = 6\sin42° = 4.01$

所以 $A_1 = 4.46 + j4.01$

（2） $A_2 = 18\cos108.6° + j18\sin108.6°$

           $= -5.74 + j17.06$

2） 复数的运算。复数进行加减运算时，要先将复数转换为代数形式，然后，实部和实部相加减，虚部和虚部相加减。

例如两个复数 $A = a_1 + jb_1$， $B = a_2 + jb_2$，则

$$A \pm B = (a_1 \pm a_2) + j(b_1 \pm b_2) \tag{3-9}$$

复数的加减运算还可以用作图法进行。由于复数可以用矢量表示，因此复数的加减运算就成为复平面上矢量的运算，如图3-9a 所示，在复平面上分别作出复数 A 和 B 的矢量，由平行四边形法则作出它们的合矢量，即两个复数之和。求两个复数之差的作图方法如图 3-9b 所示，把复数 B 的矢量反向，应用平行四边形法则作出 $A + (-B)$ 的合矢量，即为两个复数 A 与 B 之差。

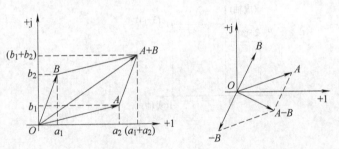

a)复数加运算矢量图   b)复数减运算矢量图

图3-9 复数加减运算矢量图

例3-7 已知复数 $A = 6\ \underline{/85°}$， $B = 11\ \underline{/-130°}$，求 $A + B$ 和 $A - B$。

解： $A + B = 6\ \underline{/85°} + 11\ \underline{/-130°} = 0.52 + j5.98 + (-7.07) - j8.43$

             $= -6.55 - j2.45 = 6.99\ \underline{/-159.5°}$

$$A - B = 6\ \underline{/85°} - 11\ \underline{/-130°} = 0.52 + j5.98 - (-7.07 - j8.43)$$
$$= 7.59 + j14.41 = 16.29\ \underline{/62.2°}$$

复数进行乘除运算时，应先把复数化为极坐标形式，较为方便。复数相乘时，将模相乘，幅角相加；复数相除时，将模相除，幅角相减。

例如两个复数 $A = r_1\ \underline{/\theta_1}$，$B = r_2\ \underline{/\theta_2}$，则

$$AB = r_1 r_2\ \underline{/\theta_1 + \theta_2} \tag{3-10}$$

$$\frac{A}{B} = \frac{r\ \underline{/\theta_{11}}}{r_2\ \underline{/\theta_2}} = \frac{r_1}{r_2}\ \underline{/\theta_1 - \theta_2} \tag{3-11}$$

例3-8 已知复数 $A = 4 + j3$，$B = 3 - j4$。求 AB 和 A/B。

解：
$$AB = (4 + j3) \times (3 - j4) = 5\ \underline{/36.87°} \times 5\ \underline{/-53.13°}$$
$$= 25\ \underline{/-16.26°}$$
$$\frac{A}{B} = \frac{4 + j3}{3 - j4} = \frac{5\ \underline{/36.87°}}{5\ \underline{/-53.13°}} = 1\ \underline{/90°}$$

复数 $1\ \underline{/\theta}$ 是一个模等于 1，幅角为 θ 的复数。任意一个复数 $A = r_1\ \underline{/\theta_1}$ 乘以 $1\ \underline{/\theta}$ 等于

$$r_1\ \underline{/\theta_1} \times 1\ \underline{/\theta} = r_1\ \underline{/\theta_1 + \theta}$$

即复数的模仍为 r_1，幅角变为 $\theta_1 + \theta$。反映到复平面上，就是将复数 $r_1\ \underline{/\theta_1}$ 对应的矢量逆时针方向旋转了 θ 角。因此复数 $1\ \underline{/\theta}$ 称为旋转因子。

当 $\theta = \dfrac{\pi}{2}$ 时　　　　　　　　$1\ \underline{/\dfrac{\pi}{2}} = \cos\dfrac{\pi}{2} + j\sin\dfrac{\pi}{2} = j$

当 $\theta = \pi$ 时　　　　　　　　　　$1\ \underline{/\pi} = \cos\pi + j\sin\pi = -1$

当 $\theta = -\dfrac{\pi}{2}$ 时　　　　$1\ \underline{/-\dfrac{\pi}{2}} = \cos\left(-\dfrac{\pi}{2}\right) + j\sin\left(-\dfrac{\pi}{2}\right) = -j$

由上述计算可见，一个复数乘以 j 就等于把这个复数对应的矢量在复平面上逆时针旋转 $\pi/2$；乘以 -1 就等于逆时针旋转 π；除以 j 就是乘以 $-j$，等于顺时针旋转 $\pi/2$。

在复数运算中常有两个复数相等的问题。两个复数相等必须满足两个条件，即实部和实部相等、虚部和虚部相等或者模和模相等、幅角和幅角相等。

例如　　　　　　　　$A = a_1 + jb_1 = r_1\ \underline{/\theta_1}$ 和 $B = a_2 + jb_2 = r_2\ \underline{/\theta_2}$

若 $A = B$，则

$$a_1 = a_2,\ b_1 = b_2$$

或

$$r_1 = r_2,\ \theta_1 = \theta_2$$

2. 正弦量的相量表示法

一个正弦量可以表示为

$$u = U_m\sin(\omega t + \varphi)$$

根据此正弦量的三个要素，可以设计一个复数让它的模为 U_m，幅角为 $\omega t + \varphi$，即

$$U_m\ \underline{/\omega t + \varphi} = U_m\cos(\omega t + \varphi) + jU_m\sin(\omega t + \varphi)$$

这一复数的虚部为一正弦时间函数，正好是已知的正弦量，所以一个正弦量给定后，

总可以作出一个复数使其虚部等于这个正弦量。因此就可以用一个复数表示一个正弦量，其意义在于把正弦量之间的三角函数运算变成了复数的运算，使正弦交流电路的计算问题简化。

由于正弦交流电路中的电压、电流都是同频率的正弦量，故角频率这一共同拥有的要素在分析计算过程中可以略去，只在结果中补上即可。这样在分析计算过程中，只需考虑最大值和初相位两个要素。故表示正弦量的复数可简化成

$$U_{\mathrm{m}} \underline{/\varphi}$$

把这一复数称为相量，以 "$\dot{U}$" 表示，并习惯上把最大值换成有效值，即

$$\dot{U} = U \underline{/\varphi} \tag{3-12}$$

在表示相量的大写字母上打点 "·" 是为了与一般的复数相区别，这就是正弦量的相量表示法。

需要强调的是，相量只表示正弦量，并不等于正弦量；只有同频率的正弦量其相量才能相互运算，才能画在同一个复平面上。画在同一个复平面上表示相量的图称为相量图。

例3-9 已知正弦电压、电流为

$$u = 220\sqrt{2}\sin\left(\omega t + \frac{\pi}{3}\right)\mathrm{V}$$

$$i = 7.05\sin\left(\omega t - \frac{\pi}{3}\right)\mathrm{A}$$

写出 u 和 i 对应的相量，并画出相量图。

解： u 的相量为

$$\dot{U} = 220 \underline{/\pi/3}\ \mathrm{V}$$

i 的相量为

$$\dot{I} = \frac{7.07}{\sqrt{2}}\underline{/-\frac{\pi}{3}}\ \mathrm{A} = 5\underline{/-\frac{\pi}{3}}\ \mathrm{A}$$

相量图如图 3-10 所示。

例3-10 写出下列相量对应的正弦量。

$$\dot{U} = 220\underline{/45°}\ \mathrm{V} \qquad f = 50\mathrm{Hz}$$

$$\dot{I} = 10\underline{/120°}\ \mathrm{A} \qquad f = 100\mathrm{Hz}$$

解：

$$u = 220\sqrt{2}\sin(314t + 45°)\mathrm{V}$$

$$i = 10\sqrt{2}\sin(628t + 120°)\mathrm{A}$$

例3-11 已知 $u_1 = 100\sqrt{2}\sin(\omega t + 60°)\mathrm{V}$，$u_2 = 100\sqrt{2}\sin(\omega t - 30°)\mathrm{V}$，试用相量计算 $u_1 + u_2$，并画出相量图。

解： 正弦量 u_1 和 u_2 对应的相量分别为

$$\dot{U}_1 = 100\underline{/60°}\ \mathrm{V}$$

$$\dot{U}_2 = 100\underline{/-30°}\ \mathrm{V}$$

它们的相量和为

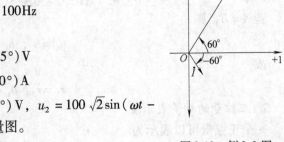

图 3-10 例 3-9 图

$$\dot{U}_1 + \dot{U}_2 = (100 \underline{/60^\circ} + 100 \underline{/-30^\circ})\,\mathrm{V}$$
$$= (50 + \mathrm{j}86.6 + 86.6 - \mathrm{j}50)\,\mathrm{V}$$
$$= (136.6 + \mathrm{j}36.6)\,\mathrm{V} = 141.4 \underline{/15^\circ}\,\mathrm{V}$$

对应的解析式为

$$u_1 + u_2 = 141.4\sqrt{2}\sin(\omega t + 15^\circ)\,\mathrm{V}$$

相量图如图 3-11 所示。

此题也可以用三角函数的方法计算，其结果一致。这可以验证相量计算是正确的，而且比较简单。此处不再计算，读者可自行验证。

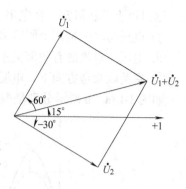

图 3-11 例 3-11 图

3.4 电阻元件的交流电路

在正弦交流电路中，除了电阻元件，还有电感和电容。从本节起，先学习这三个基本元件的基本规律，然后再学习多个元件的组合电路。学习中，要注意正弦量遵守相量关系，它包含大小和相位两个方面，还应注意频率变化对正弦量的影响。

1. 电阻元件上电压和电流的相量关系

如图 3-12 所示为一个纯电阻的交流电路，电压和电流的瞬时值仍然服从欧姆定律。在关联参考方向下，根据欧姆定律，电压和电流的关系为

$$i = \frac{u}{R}$$

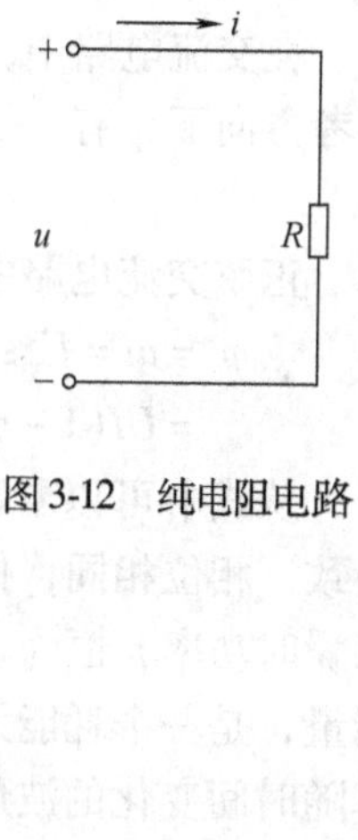

若通过电阻的电流为

$$i = I_\mathrm{m}\sin(\omega t + \varphi_\mathrm{i})$$

则电压为

图 3-12 纯电阻电路

$$u = Ri = RI_\mathrm{m}(\sin\omega t + \varphi_\mathrm{i})$$
$$= U_\mathrm{m}\sin(\omega t + \varphi_\mathrm{u})$$

上式中

$$U_\mathrm{m} = RI_\mathrm{m}$$

也即

$$U = RI, \quad \varphi_\mathrm{u} = \varphi_\mathrm{i}$$

上述两个正弦量对应的相量为

$$\dot{I} = I \underline{/\varphi_\mathrm{i}} \text{ 和 } \dot{U} = U \underline{/\varphi_\mathrm{u}}$$

两相量的关系为

$$\dot{U} = U \underline{/\varphi_\mathrm{u}} = RI \underline{/\varphi_\mathrm{i}} = R\dot{I}$$

即

$$\dot{I} = \frac{\dot{U}}{R} \tag{3-13}$$

此式就是电阻元件上电压与电流的相量关系式。

由复数知识可知，式(3-13)包含着电压与电流的有效值关系和相位关系，即

$$I = \frac{U}{R}$$

$$\varphi_\mathrm{i} = \varphi_\mathrm{u}$$

通过以上分析可知，在电阻元件的交流电路中：

① 电压与电流是两个同频率的正弦量。

② 电压与电流的有效值关系为 $U = RI$。

③ 在关联参考方向下，电阻上的电压与电流同相位。

如图 3-13a、b 所示分别是电阻元件上电压与电流的波形图和相量图。

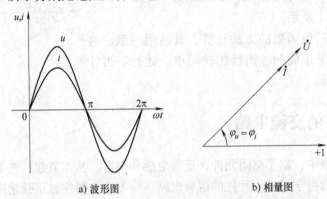

a) 波形图 b) 相量图

图 3-13 电阻元件上电压、电流的波形图和相量图

2. 电阻元件的功率

在交流电路中，电压与电流瞬时值的乘积叫做瞬时功率，用小写的字母 p 表示，在关联参考方向下，有

$$p = ui \tag{3-14}$$

正弦交流电路中，电阻元件的瞬时功率为

$$p = ui = U_m \sin\omega t I_m \sin\omega t = 2UI\sin^2\omega t$$
$$= UI(1 - \cos2\omega t)$$

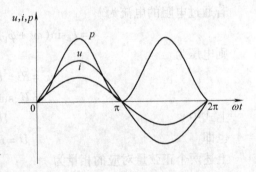

从式中可以看出 $p \geq 0$，因为 u、i 参考方向一致，相位相同，任一瞬间电压与电流同号，所以瞬时功率 p 恒为正值，表明电阻元件总是消耗能量，是一个耗能元件。如图 3-14 所示是瞬时功率随时间变化的波形图。

通常所说的功率并不是瞬时功率，而是瞬时功率在一个周期内的平均值，称为平均功率，简称功率，用大写字母 P 表示。

图 3-14 电阻元件上瞬时功率的波形图

$$P = \frac{1}{T}\int_0^T p\,\mathrm{d}t$$

正弦交流电路中电阻元件的平均功率为

$$P = \frac{1}{T}\int_0^T p\,\mathrm{d}t = \frac{1}{T}\int_0^T UI(1 - \cos2\omega t)\,\mathrm{d}t = UI$$

即

$$P = UI = I^2R = \frac{U^2}{R} \tag{3-15}$$

上式与直流电路功率的计算公式在形式上完全一样，但这里的 U 和 I 是有效值，P 是平均功率。

一般交流电器上所标的功率都是指平均功率。由于平均功率反映了元件实际消耗的功率，所以又称为有功功率。例如灯泡的功率为 60W，电炉的功率为 1000W 都指的是平均功率。

例 3-12 一电阻 $R = 100\Omega$，两端电压 $u = 220\sqrt{2}\sin(314t - 30°)$ V，求（1）通过电阻的电流 I 和 i。（2）电阻消耗的功率。（3）作出相量图。

解：（1）电压相量 $\dot{U} = 220 \underline{/-30°}$ V，则 $\dot{I} = \dfrac{\dot{U}}{R} = \dfrac{220 \underline{/-30°}}{100}$ A $= 2.2 \underline{/-30°}$ A

所以 $\qquad\qquad I = 2.2\text{A}，\quad i = 2.2\sqrt{2}\sin(314t - 30°)$ A

（2）$P = UI = 220 \times 2.2\text{W} = 484\text{W}$

或者 $\qquad\qquad P = \dfrac{U^2}{R} = \dfrac{220^2}{100}\text{W} = 484\text{W}$

（3）相量图如图 3-15 所示。

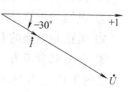

例 3-13 额定电压为 220V，功率分别为 100W 和 40W 的电烙铁，其电阻各是多少欧姆？

解：100W 电烙铁的电阻为

图 3-15　例 3-12 图

$$R = \frac{U^2}{P} = \frac{220^2}{100}\Omega = 484\Omega$$

40W 电烙铁的电阻为

$$R' = \frac{U^2}{P'} = \frac{220^2}{40}\Omega = 1210\Omega$$

由上述计算可见，电压一定时，功率越大电阻越小，功率越小电阻越大。

3.5　电感元件的交流电路

1. 电感元件上电压与电流的相量关系

如图 3-16 所示的电路是一个纯电感的交流电路，选择电压与电流为关联参考方向，则电压与电流的关系为

$$u = L\frac{\mathrm{d}i}{\mathrm{d}t}$$

设电流 $i = I_\mathrm{m}\sin(\omega t + \varphi_i)$，由上式得

$$\begin{aligned}
u &= L\frac{\mathrm{d}i}{\mathrm{d}t} = \omega L I_\mathrm{m}\cos(\omega + \varphi_i) \\
&= \omega L I_\mathrm{m}\sin\left(\omega t + \varphi_i + \frac{\pi}{2}\right) \\
&= U_\mathrm{m}\sin(\omega t + \varphi_u)
\end{aligned}$$

式中，$U_\mathrm{m} = \omega L I_\mathrm{m}$；$\varphi_u = \varphi_i + \dfrac{\pi}{2}$。

两正弦量对应的相量分别为

$$\dot{I} = I\underline{/\varphi_i} \qquad \dot{U} = U\underline{/\varphi_u}$$

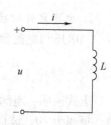

图 3-16　纯电感电路

两相量的关系为

$$\dot{U} = U \underline{/\varphi_u} = \omega LI \underline{\left/ \varphi_i + \frac{\pi}{2}\right.} = \omega LI \underline{/\varphi_i} \underline{\left/ \frac{\pi}{2}\right.} = j\omega L \dot{I} = jX_L \dot{I}$$

即
$$\dot{I} = \frac{\dot{U}}{jX_L} \tag{3-16}$$

上式就是电感元件上电压与电流的相量关系式。

由复数知识可知，它包含着电压与电流的有效值关系和相位关系，即

$$U = X_L I$$

$$\varphi_u = \varphi_i + \frac{\pi}{2}$$

通过以上分析可知，在电感元件的交流电路中：

① 电压与电流是两个同频率的正弦量。

② 电压与电流的有效值关系为 $U = X_L I$。

③ 在关联参考方向下，电压的相位超前电流90°。

如图 3-17a、b 所示分别为电感元件上电压与电流的波形图和相量图。

将有效值关系式 $U = X_L I$ 与欧姆定律 $U = RI$ 相比较，可以看出，X_L 具有电阻 R 的单位欧姆，也同样具有阻碍电流的物理特性，故称 X_L 为感抗。

$$X_L = \omega L = 2\pi f L \tag{3-17}$$

感抗 X_L 与电感 L、频率 f 成正比。当电感一定时，频率越高，感抗越大。因此，电感线圈对高频电流的阻碍作用大，对低频电流的阻碍作用小，而对直流没有阻碍作用，相当于短路，因为直流（$f=0$）情况下，感抗为零。

当电感两端的电压 U 及电感 L 一定时，通过的电流 I 及感抗 X_L 随频率 f 变化的关系曲线如图 3-18 所示。

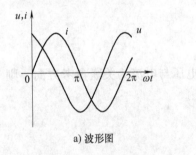
a) 波形图

b) 相量图

图 3-17　电感元件上电压电流的波形图和相量图

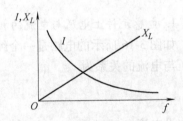

图 3-18　电感元件中电流、感抗随频率变化的曲线

2. 电感元件的功率

当电压与电流参考方向一致时，电感元件的瞬时功率为

$$P = ui = U_m \sin(\omega t + 90°) I_m \sin\omega t$$
$$= 2UI\sin\omega t\cos\omega t = UI\sin2\omega t$$

上式说明，电感元件的瞬时功率也是随时间变化的正弦函数，其频率为电源频率的两倍，振幅为 UI，波形图如图 3-19 所示。在第一个 1/4 周期内，电流由零上升到最大值，电感储存的磁场能量也随着电流的变化由零达到最大值，在这个过程中瞬时功率为正值，表明

电感从电源处吸取电能。在第二个 1/4 周期内,电流从最大值减小到零,在这个过程中瞬时功率为负值,表明电感释放能量。后两个 1/4 周期与上述分析一致。

电感元件的平均功率为

$$P = \frac{1}{T}\int_0^T p\mathrm{d}t = \frac{1}{T}\int_0^T UI\sin 2\omega t\mathrm{d}t = 0$$

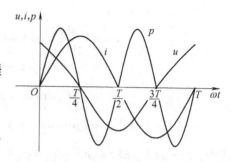

电感是储能元件,它在吸收和释放能量的过程中并不消耗能量,所以平均功率为零。

为了描述电感与外电路之间能量交换的规模,引入瞬时功率的最大值,并称之为无功功率,用 Q_L 表示,即

$$Q_L = UI = I^2 X_L = \frac{U^2}{X_L} \tag{3-18}$$

图 3-19　电感元件的瞬时功率波形图

Q_L 也具有功率的单位,但为了和有功功率区别,把无功功率的单位定义为乏(var)。

应该注意:无功功率 Q_L 反映了电感与外电路之间能量交换的规模,"无功"不能理解为"无用",这里"无功"二字的实际含义是交换而不消耗。以后学习变压器、电动机的工作原理时就会知道,没有无功功率,它们无法工作。

例 3-14　在电压为 220V、频率为 50Hz 的电源上,接入电感 $L = 0.0255\mathrm{H}$ 的线圈(电阻不计)。试求(1)线圈的感抗 X_L;(2)线圈中的电流;(3)线圈的无功功率 Q_L;(4)若线圈接在 $f = 5000\mathrm{Hz}$ 的信号源上,感抗为多少?

解:(1)$X_L = 2\pi f L = 2 \times 3.14 \times 50 \times 0.0255\Omega = 8\Omega$

(2)$I = \dfrac{U}{X_L} = \dfrac{220}{8}\mathrm{A} = 27.5\mathrm{A}$

(3)$Q_L = UI = 220 \times 27.5\mathrm{var} = 6050\mathrm{var}$

(4)$X'_L = 2\pi f L = 2 \times 3.14 \times 5000 \times 0.0255\Omega = 800\Omega$

例 3-15　$L = 5\mathrm{mH}$ 的电感元件,在关联参考方向下,设通过的电流 $\dot{I} = 1\underline{/0°}\ \mathrm{A}$,两端的电压 $\dot{U} = 110\underline{/90°}\ \mathrm{V}$,求感抗及电源频率。

解:根据有效值关系式可得感抗为

$$X_L = \frac{U}{I} = \frac{110}{1}\Omega = 110\Omega$$

电源频率为

$$f = \frac{X_L}{2\pi L} = \frac{110}{2 \times 3.14 \times 5 \times 10^{-3}}\mathrm{Hz} = 3.5\mathrm{kHz}$$

3.6　电容元件的交流电路

1. 电容元件上电压与电流的相量关系

如图 3-20 所示为一个纯电容的交流电路,选择电压与电流为关联参考方向,设电容元件两端电压为正弦电压

$$u = U_m\sin(\omega t + \varphi_u)$$

则电路中的电流,根据公式

$$i = C\frac{\mathrm{d}u}{\mathrm{d}t}$$

得

$$
\begin{aligned}
i &= C\frac{\mathrm{d}}{\mathrm{d}t}\left[U_\mathrm{m}\sin(\omega t + \varphi_u)\right] \\
&= U_\mathrm{m}\omega C\cos(\omega t + \varphi_u) \\
&= \omega CU_\mathrm{m}\sin\left(\omega t + \varphi_u + \frac{\pi}{2}\right) \\
&= I_\mathrm{m}\sin(\omega t + \varphi_i)
\end{aligned}
$$

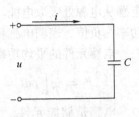

图 3-20 纯电容电路

式中，$I_\mathrm{m} = \omega CU_\mathrm{m}$ 即 $I = \omega CU$；$\varphi_i = \varphi_u + \dfrac{\pi}{2}$。

上述两正弦量对应的相量分别为

$$\dot{U} = U\underline{/\varphi_u}$$

$$\dot{I} = I\underline{/\varphi_i}$$

它们的关系为

$$
\dot{I} = I\underline{/\varphi_i} = \omega CU\underline{/\varphi_u + \frac{\pi}{2}} = \omega CU\underline{/\varphi_u}\,\underline{/\frac{\pi}{2}} = \omega C\,\dot{U}\underline{/\frac{\pi}{2}}
$$

$$
= \mathrm{j}\omega C\,\dot{U} = \mathrm{j}\frac{\dot{U}}{X_C} = \frac{\dot{U}}{-\mathrm{j}X_C}
$$

即

$$\dot{I} = \frac{\dot{U}}{-\mathrm{j}X_C} \tag{3-19}$$

上式就是电容元件上电压与电流的相量关系式。由复数知识可知，$\dot{U} = -\mathrm{j}X_C\dot{I}$ 包含 $U = X_C I$ 的有效值关系式和 $\varphi_u = \varphi_i - \dfrac{\pi}{2}$ 的相位关系式。

通过以上分析可以得出，在电容元件的交流电路中：

① 电压与电流是两个同频率的正弦量。

② 电压与电流的有效值关系为 $U = X_C I$。

③ 在关联参考方向下，电压滞后电流90°。

如图3-21a、b所示分别为电容元件两端电压与电流的波形图和相量图。

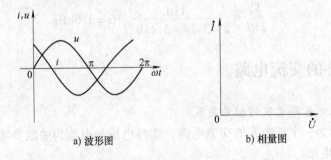

a) 波形图   b) 相量图

图 3-21 电容元件上电压与电流的波形图和相量图

由有效值值关系式可知，X_C 具有电阻的单位欧姆，也具有阻碍电流通过的物理特性，故称 X_C 为容抗。

$$X_C = \frac{1}{\omega C} = \frac{1}{2\pi f C} \tag{3-20}$$

容抗 X_C 与电容 C、频率 f 成反比。当电容一定时，频率越高，容抗越小。因此，电容对高频电流的阻碍作用小，对低频电流的阻碍作用大，而对直流，由于频率 $f=0$，故容抗为无穷大，相当于开路，即电容元件有隔直作用。

2. 电容元件的功率

在关联参考方向下，电容元件的瞬时功率为

$$P = ui = U_{\mathrm{m}}\sin\omega t I_{\mathrm{m}}\sin\left(\omega t + \frac{\pi}{2}\right) = 2UI\sin\omega t\cos\omega t = UI\sin 2\omega t$$

由上式可见，电容元件的瞬时功率也是随时间变化的正弦函数，其频率为电源频率的 2 倍，如图 3-22 所示是电容元件瞬时功率的变化曲线。

电容元件在一周期内的平均功率为

$$P = \frac{1}{T}\int_0^T p\mathrm{d}t = \frac{1}{T}\int_0^T UI\sin 2\omega t\mathrm{d}t = 0$$

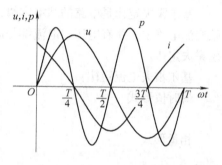

平均功率为零，说明电容元件不消耗能量。另外，从瞬时功率曲线可以看出，在第一和第三个 1/4 周期内，瞬时功率为正，表明电容从电源吸取电能，电容器处于充电状态；在第二和第四个 1/4 周期内，瞬时功率为负，表明电容器释放能量，电容器处于放电状态。总之，电容与电源之间只有能量的相互转换。这种能量转换的规模用瞬时功率的最大值来衡量，称为无功功率，用 Q_C 表示，即

图 3-22　电容元件瞬时功率的变化曲线

$$Q_C = UI = I^2 X_C = \frac{U^2}{X_C} \tag{3-21}$$

式中，Q_C 的单位为乏（var）。

例 3-16　有一电容 $C = 30\mu\mathrm{F}$，接在 $u = 220\sqrt{2}\sin(314t - 30°)\mathrm{V}$ 的电源上。试求：（1）电容的容抗；（2）电流的有效值；（3）电流的瞬时值；（4）电路的有功功率及无功功率；（5）电压与电流的相量图。

解：（1）电容的容抗　$X_C = \frac{1}{\omega C} = \frac{1}{314 \times 30 \times 10^{-6}}\Omega = 106.16\Omega$

（2）电流的有效值　$I = \frac{U}{X_C} = \frac{220}{106.16}\mathrm{A} = 2.07\mathrm{A}$

（3）电流超前电压 90°，即 $\varphi_i = 90° + \varphi_u = 60°$

故电流的瞬时值　$i = 2.07\sqrt{2}\sin(314t + 60°)\mathrm{A}$

（4）电路的有功功率

$$P_C = 0$$

无功功率　$Q_C = UI = 220 \times 2.07\mathrm{var} = 455.4\mathrm{var}$

（5）电压与电流的相量图如图 3-23 所示。

例 3-17 在关联参考方向下，已知电容两端的电压 $\dot{U}_C = 220\ \underline{/-30°}$ V，通过的电流 $\dot{I}_C = 5\ \underline{/60°}$ A，电源的频率 $f = 50$Hz，求电容 C。

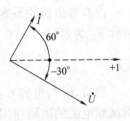

解： 由相量关系式可知

$$-jX_C = \frac{\dot{U}_C}{\dot{I}_C} = \frac{220\ \underline{/-30°}}{5\ \underline{/60°}}\Omega = 44\ \underline{/-90°}\ \Omega = -j44\Omega$$

所以 $X_C = 44\Omega$

图 3-23   例 3-16 图

则

$$C = \frac{1}{\omega X_C} = \frac{1}{314 \times 44}F = 72.4\mu F$$

3.7 相量形式的基尔霍夫定律

基尔霍夫定律是电路的基本定律，不仅适用于直流电路，而且也适用于交流电路。在正弦交流电路中，所有电压、电流都是同频率的正弦量，它们的瞬时值和对应的相量都遵守基尔霍夫定律。

基尔霍夫电流定律：

瞬时值形式

$$\sum i = 0 \tag{3-22}$$

相量形式

$$\sum \dot{I} = 0 \tag{3-23}$$

基尔霍夫电压定律：

瞬时值形式

$$\sum u = 0 \tag{3-24}$$

相量形式

$$\sum \dot{U} = 0 \tag{3-25}$$

例 3-18 如图 3-24a、b 所示的电路，已知电流表 A_1、A_2 都是 5A，求电路中电流表 A 的读数。

解： 设两端电压 $\dot{U} = U\ \underline{/0°}$。

3-24a 图中电压、电流为关联参考方向。

电阻上的电流与电压同相，故

$$\dot{I}_1 = 5\ \underline{/0°}\ A$$

电感上的电流滞后电压90°，故

$$I_2 = 5\ \underline{/-90°}\ A$$

根据相量形式的 KCL，得

$$\dot{I} = \dot{I}_1 + \dot{I}_2 = 5\ \underline{/0°}\ A + 5\ \underline{/-90°}\ A$$

$$= (5 - j5)A = 7.07\ \underline{/-45°}\ A$$

电流表 A 的读数为 7.07A。

3-24b 图中电流、电压为关联参考方向。

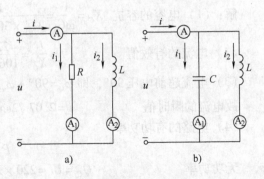

图 3-24   例 3-18 图

电容上的电流超前电压90°，故

$$\dot{I}_1 = 5\ \underline{/90°}\ \text{A}$$

电感上的电流滞后电压90°，故

$$\dot{I}_2 = 5\ \underline{/-90°}\ \text{A}$$

根据相量形式的 KCL，得

$$\dot{I} = \dot{I}_1 + \dot{I}_2 = 5\ \underline{/90°}\ \text{A} + 5\ \underline{/-90°}\ \text{A} = (\text{j}5 - \text{j}5)\,\text{A} = 0\text{A}$$

电流表 A 的读数为 0A。

例 3-19　如图 3-25a、b 所示的电路中，已知电压表 V_1、V_2 的读数均为 100V，求电路中电压表 V 的读数。

解：设 $\dot{I} = I\ \underline{/0°}\ \text{A}$

3-25a 图　$\dot{U}_1 = 100\underline{/0°}\ \text{V}$　$\dot{U}_2 = 100\ \underline{/-90°}\ \text{V}$

根据相量形式的 KVL，得

$$\dot{U} = \dot{U}_1 + \dot{U}_2$$

$$= 100\ \underline{/0°}\ \text{V} + 100\ \underline{/-90°}\ \text{V} = (100 - \text{j}100)\,\text{V}$$

$$= 141.4\ \underline{/-45°}\ \text{V}$$

电压表 V 的读数为 141.4V。

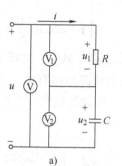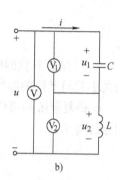

3-25b 图　$\dot{U}_1 = 100\ \underline{/-90°}\ \text{V}$　$\dot{U}_2 = 100\ \underline{/90°}\ \text{V}$

根据相量形式的 KVL，得

$$\dot{U} = \dot{U}_1 + \dot{U}_2$$

图 3-25　例 3-19 图

$$= 100\ \underline{/-90°}\ \text{V} + 100\ \underline{/90°}\ \text{V} = (-\text{j}100 + \text{j}100)\,\text{V} = 0\text{V}$$

电压表 V 的读数为 0V。

3.8　*RLC* 串联电路的相量分析

正弦量用相量表示后，正弦交流电路就可以根据相量形式的基尔霍夫定律用复数进行分析和计算，在直流电路中学习过的方法、定律都可以应用于正弦交流电路。

如图 3-26 所示电路是由电阻 R、电感 L 和电容 C 串联组成的电路，流过各元件的电流都是 i。电压、电流的参考方向如图 3-26 所示。

1. 电压与电流的相量关系

设电路中电流 $i = I_\text{m}\sin\omega t$

对应的相量为　　　　$\dot{I} = I\ \underline{/0°}$

则

电阻上的电压　$\dot{U}_R = R\,\dot{I}$

电感上的电压　$\dot{U}_L = \text{j}X_L\dot{I}$

电容上的电压　$\dot{U}_C = -\text{j}X_C\dot{I}$

根据相量形式的 KVL，有

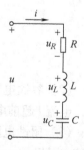

$$\dot{U} = \dot{U}_R + \dot{U}_L + \dot{U}_C = R\,\dot{I} + \text{j}X_L\dot{I} - \text{j}X_C\dot{I}$$

$$= [R + \text{j}(X_L - X_C)]\dot{I} = (R + \text{j}X)\dot{I} = Z\dot{I}$$

图 3-26　*RLC* 串联

即

电路

$$\dot{I} = \frac{\dot{U}}{Z} \tag{3-26}$$

其中 $X = X_L - X_C$ 称为电抗，它反映了电感和电容共同对电流的阻碍作用，X 可正、可负。$Z = R + jX$ 称为复阻抗，它是在关联参考方向下，电压相量与电流相量之比。但是复阻抗不是正弦量，因此，只用大写字母 Z 表示，而不加黑点，单位为欧（Ω）。Z 的实部 R 为电路的电阻，虚部 X 为电路的电抗。复阻抗也可以表示成极坐标形式。

$$Z = |Z| \underline{/\varphi}$$

其中

$$\begin{cases} |Z| = \sqrt{R^2 + X^2} = \sqrt{R^2 + (X_L - X_C)^2} \\ \varphi = \arctan\dfrac{X}{R} = \arctan\dfrac{X_L - X_C}{R} \end{cases} \tag{3-27}$$

$|Z|$ 是复阻抗的模，称为阻抗，它反映了 RLC 串联电路对正弦电流的阻碍作用，阻抗的大小只与元件的参数和电源频率有关，而与电压、电流无关。

φ 是复阻抗的幅角，称为阻抗角。它也是在关联参考方向下电路的端电压 u 超前电流 i 的相位差角。

$$\frac{\dot{U}}{\dot{I}} = Z \quad 即 \quad \frac{U\underline{/\varphi_u}}{I\underline{/\varphi_i}} = |Z|\underline{/\varphi} \quad \begin{cases} \dfrac{U}{I} = |Z| \\ \varphi = \varphi_u - \varphi_i \end{cases}$$

上述变化表明，相量关系式包含着电压和电流的有效值关系式和相位关系式。

2. 电路的三种情况

（1）感性电路 当 $X_L > X_C$ 时，$U_L > U_C$。以电流 $\dot{I}$ 为参考相量，分别画出与电流同相的 $\dot{U}_R$，超前电流 90° 的 $\dot{U}_L$，滞后电流 90° 的 $\dot{U}_C$，然后合并 $\dot{U}_L$ 和 $\dot{U}_C$ 为 $\dot{U}_X$，再合并 $\dot{U}_X$ 和 $\dot{U}_R$ 即得到总电压 $\dot{U}$。相量图如图 3-27a 所示，从相量图中可以看出，电压 $\dot{U}$ 超前电流 $\dot{I}$ 一个 φ 角，$\varphi > 0$，电路呈感性，称为感性电路。

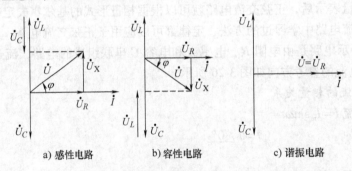

a) 感性电路   b) 容性电路   c) 谐振电路

图 3-27　RLC 串联电路的三种情况相量图

（2）容性电路 当 $X_L < X_C$ 时，$U_L < U_C$，如前所述作相量图如图 3-27b 所示。由图可见，电流 $\dot{I}$ 超前电压 $\dot{U}$ 一个 φ 角，$\varphi < 0$，电路呈容性，称为容性电路。

（3）阻性电路（谐振电路） 当 $X_L = X_C$ 时，$U_L = U_C$，相量图如图 3-27c 所示，电压 $\dot{U}$ 与电流 $\dot{I}$ 同相，$\varphi = 0$，电路呈电阻性。把电路的这种特殊状态，称为串联谐振，在下一节中专门讨论。

由图 3-27a、b 可以看出，电感电压 $\dot{U}_L$ 与电容电压 $\dot{U}_C$ 的相量和 $\dot{U}_L + \dot{U}_C = \dot{U}_X$，电阻电压 $\dot{U}_R$ 以及总电压 $\dot{U}$ 构成一个直角三角形，称为电压三角形。由电压三角形可以看出，总电压的有效值与各元件电压的有效值的关系是相量和而不是代数和，这正体现了正弦交流电路的特点。把电压三角形三条边的电压有效值同时除以电流的有效值 I，就得到一个和电压三角形相似的三角形，它的三条边分别

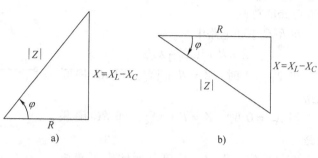

图 3-28　阻抗三角形

是电阻 R、电抗 X 和阻抗 $|Z|$，所以称它为阻抗三角形，如图 3-28a、b 所示。由于阻抗三角形三条边代表的不是正弦量，所画的三条边是线段而不是相量。关于阻抗的一些公式都可以由阻抗三角形得出，它可以帮助记忆公式。

例 3-20　在 RL 串联电路中，已知 $R = 6\Omega$，$X_L = 8\Omega$，外加电压 $\dot{U} = 110\underline{/60°}$ V，求电路的电流 $\dot{I}$、电阻的电压 $\dot{U}_R$ 和电感的电压 $\dot{U}_L$，并画出相量图。

解： 电路的复阻抗为

$$Z = R + jX_L = (6 + j8)\Omega = 10\underline{/53.1°}\ \Omega$$

所以

$$\dot{I} = \frac{\dot{U}}{Z} = \frac{110\underline{/60°}}{10\underline{/53.1°}}A = 11\underline{/6.9°}\ A$$

$$\dot{U}_R = R\dot{I} = 6 \times 11\underline{/6.9°}\ V = 66\underline{/6.9°}\ V$$

$$\dot{U}_L = jX_L\dot{I} = j8 \times 11\underline{/6.9°}\ V = 8\underline{/90°} \times 11\underline{/6.9°}\ V = 88\underline{/96.9°}\ V$$

相量图如图 3-29 所示。

例 3-21　在电子技术中，常利用 RC 串联作移相电路，如图 3-30a 所示。已知输入电压频率 $f = 1000\text{Hz}$，$C = 0.025\mu\text{F}$。若要使输出电压 u_o 在相位上滞后输入电压 u_i30°，求电阻 R。

解： 设以电流 $\dot{I}$ 为参考相量，作相量图，如图 3-30b 所示。

已知输出电压 $\dot{U}_o$（即 $\dot{U}_C$）滞后于输入电压 $\dot{U}_i$30°，如图 3-30b 所示。

则电压 U_i 与电流 $\dot{I}$ 的相位差 $\varphi = -60°$。

$$X_C = \frac{1}{\omega C} = \frac{1}{2 \times 3.14 \times 1000 \times 0.025 \times 10^{-6}}\Omega = 6369\Omega$$

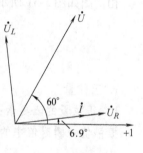

图 3-29　例 3-20 图

而

$$\tan\varphi = \frac{-X_C}{R}$$

所以

$$R = \frac{-X_C}{\tan\varphi} = \frac{-6369}{\tan(-60°)}\Omega = \frac{-6369}{-1.732}\Omega = 3677\Omega$$

即当 $R = 3677\Omega$ 时，输出电压就滞后于输入电压30°。

由本例可见相量图在解题中的重要作用。因此，应会画出简单电路的相量图。

RL 串联电路和 RC 串联电路均可视为 RLC 串联电路的特例。

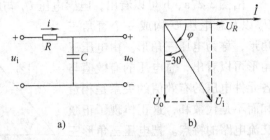

图 3-30　例 3-21 图

在 RLC 串联电路中

$$Z = R + \mathrm{j}(X_L - X_C)$$

当 $X_C = 0$ 时，$Z = R + \mathrm{j}X_L$，即 RL 串联电路。

当 $X_L = 0$ 时，$Z = R - \mathrm{j}X_C$，即 RC 串联电路。

由此推广，R、L、C 单一元件也可看成 RLC 串联电路的特例。这表明，RLC 串联电路中的公式对单一元件也同样适用。

例 3-22　在 RLC 串联电路中，已知 $R = 15\Omega$，$X_L = 20\Omega$，$X_C = 5\Omega$。电源电压 $u = 30 \sin(\omega t + 30°)\mathrm{V}$。求此电路的电流和各元件电压的相量，并画出相量图。

解：电路的复阻抗为

$$Z = R + \mathrm{j}(X_L - X_C) = 15\Omega + \mathrm{j}(20-5)\Omega = 15\Omega + \mathrm{j}15\Omega = 15\sqrt{2}\underline{/45°}\ \Omega$$

电流相量为

$$\dot{I} = \frac{\dot{U}}{Z} = \frac{15\sqrt{2}\underline{/30°}}{15\sqrt{2}\underline{/45°}}\mathrm{A} = 1\underline{/-15°}\ \mathrm{A}$$

各元件的电压相量为

$$\dot{U}_R = R\dot{I} = 15 \times 1\underline{/-15°}\ \mathrm{V} = 15\underline{/-15°}\ \mathrm{V}$$

$$\dot{U}_L = \mathrm{j}X_L\dot{I} = \mathrm{j}20 \times 1\underline{/-15°}\ \mathrm{V} = 20\underline{/75°}\ \mathrm{V}$$

$$\dot{U}_C = -\mathrm{j}X_C\dot{I} = -\mathrm{j}5 \times 1\underline{/-15°}\ \mathrm{V} = 5\underline{/-105°}\ \mathrm{V}$$

相量图如图 3-31 所示。

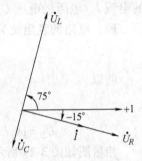

图 3-31　例 3-22 图

本 章 小 结

1. 正弦量

1）正弦量的三要素：

振幅值：瞬时值中的最大值，如 U_m、I_m 等。

角频率：正弦量每秒经历的电角度，$\omega = 2\pi f = \dfrac{2\pi}{T}$。

初相位：计时起点（$t = 0$）的相位，$|\varphi| \leqslant \pi$。

2）相位差：同频率正弦量之间的初相位之差。$\varphi = \varphi_u - \varphi_i$，$\varphi > 0$ 表明电压超前电流 φ 角，$\varphi < 0$ 表明电流超前电压 φ 角，$|\varphi| \leqslant \pi$。

3）正弦量的四种表示法：

解析式：即三角函数表示法，如 $i = I_m\sin(\omega t + \varphi)$。

波形图：即正弦曲线表示法。

相量表示法：如 $\dot{U} = U\underline{/\varphi_u}$。

相量图表示法。

相量表示法及相量图表示法属于间接表示法，用这种表示方法进行正弦量的加、减运算比用直接表示法简便得多，但是只能在同频率的正弦量之间进行运算。

4）正弦量的有效值：

有效值：$I = \dfrac{I_m}{\sqrt{2}} = 0.707 I_m$ $U = \dfrac{U_m}{\sqrt{2}} = 0.707 U_m$

2. 正弦交流电路中单一元件的规律与互连关系

1）电阻元件上电压与电流的相量关系：

$$\dot{U} = R\dot{I} \quad \begin{cases} U = RI \\ \varphi_u = \varphi_i \end{cases}$$

电感元件上电压与电流的相量关系：

$$\dot{U} = jX_L\dot{I} \quad \begin{cases} U = X_L I \\ \varphi_u = \varphi_i + \dfrac{\pi}{2} \end{cases}$$

电容元件上电压与电流的相量关系：

$$\dot{U} = -jX_C\dot{I} \quad \begin{cases} U = X_C I \\ \varphi_u = \varphi_i - \dfrac{\pi}{2} \end{cases}$$

2）相量形式的基尔霍夫定律：

KCL：$\sum \dot{I} = 0$

KVL：$\sum \dot{U} = 0$

3. *RLC* 串联电路的相量分析

1）电压与电流的相量关系：

$$\dot{U} = Z\dot{I}$$

2）复阻抗：

$$Z = R + jX = R + j(X_L - X_C) = R + j\left(\omega L - \dfrac{1}{\omega C}\right)$$

$$Z = |Z| \angle \varphi \quad \begin{cases} \text{阻抗（模）} |Z| = \sqrt{R^2 + X^2} \\ \text{阻抗角（幅角）} \varphi = \arctan \dfrac{X}{R} \end{cases}$$

注意：除电阻外，其余各量均与电源频率有关。

思考题与习题

3-1 已知一正弦电压的振幅为310V，频率为工频，初相位为 π/6，试写出其解析式，并画出波形图。

3-2 已知一正弦电流的解析式为 $i = 8\sin(314t - \pi/3)$ A，求其最大值、角频率、周期和频率。

3-3 正弦电流 i 的波形图如图 3-32 所示，试写出此电流的解析式。

3-4 已知 $U_m = 100$V，$\varphi_u = 70°$，$I_m = 10$A，$\varphi_i = -20°$，角频率同为 $\omega = 314$rad/s，写出它们的解析式和相位差，并说明哪个超前、哪个滞后。

3-5 电压和电流的解析式分别为 $u = 314\sin(\omega t + 30°)$V，$i = 10\sqrt{2}\sin\omega t$A，求电流和电压的有效值。

3-6 用交流电压表测得低压供电系统的线电压为380V，问线电压的最大值为多少？

3-7 将下列复数转换成代数形式。

(1) $5\,\underline{/60°}$　　(2) $20\,\underline{/90°}$　　(3) $35\,\underline{/-25°}$

(4) $220\,\underline{/120°}$　　(5) $10\,\underline{/53.1°}$　　(6) $100\,\underline{/180°}$

3-8 将下列复数转换成极坐标形式。

(1) $8 + j6$　　(2) $32 - j56$　　(3) $-12 - j20$

(4) $-3 + j2$　　(5) $12 - j6$　　(6) $j8$

3-9 已知 $A_1 = 6 + j10$，$A_2 = 3 - j2$，试求 $A_1 + A_2$，$A_1 - A_2$，A_1A_2，A_1/A_2。

3-10 已知 $Z_1 = 20\,\underline{/-60°}$，$Z_2 = 10\,\underline{/30°}$，试求 $Z_1 + Z_2$，Z_1Z_2。

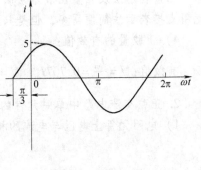

图 3-32　题 3-3 图

3-11 写出下列正弦量对应的相量。

(1) $u_1 = 220\sqrt{2}\sin\omega t\,\text{V}$

(2) $u_2 = 10\sqrt{2}\sin(\omega t + 30°)\,\text{V}$

(3) $i_2 = 7.07\sin(\omega t - 60°)\,\text{A}$

3-12 写出下列相量对应的正弦量（$f = 50\text{Hz}$）。

(1) $\dot{U}_1 = 220\,\underline{/50°}\,\text{V}$　　(2) $\dot{U}_2 = 380\,\underline{/120°}\,\text{V}$

(3) $\dot{I}_1 = j5\text{A}$　　(4) $\dot{I}_2 = (3 + j4)\,\text{A}$

3-13 试求 $i_1 = 2\sqrt{2}\sin(300t + 45°)\,\text{A}$ 和 $i_2 = 5\sqrt{2}\sin(300t - 35°)\,\text{A}$ 之和，并画出相量图。

3-14 作出 $u_1 = 220\sqrt{2}\sin(\omega t - 30°)\,\text{V}$ 和 $u_2 = 220\sqrt{2}\sin(\omega t + 60°)\,\text{V}$ 的相量图，并求 $u_1 - u_2$。

3-15 50Ω 电阻两端的电压 $u = 100\sqrt{2}\sin(314t - 60°)\,\text{V}$，试写出电阻中电流的解析式，并画出电压与电流的相量图。

3-16 有一 220V、1kW 的电炉，接在 220V 的交流电源上，试求电炉的电阻和通过电炉的电流。

3-17 在 10Ω 的电阻中通过的电流 $i = 5\sqrt{2}\sin(314t + \pi/4)\,\text{A}$，试求电阻消耗的功率及电压的解析式。

3-18 一电感 $L = 60\text{mH}$ 的线圈，接到 $u = 220\sqrt{2}\sin300t\,\text{V}$ 的电源上，试求线圈的感抗、无功功率及电流的解析式。

3-19 某电感线圈通过 50Hz 电流时感抗为 25Ω，当频率上升到 10kHz 时，其感抗是多大？

3-20 某电感线圈的电阻忽略不计，把它接到 220V 的工频交流电路中，通过的电流是 5A，求线圈的电感 L。

3-21 电容为 $50\mu\text{F}$ 的电容器，接在电压 $u = 400\sqrt{2}\sin100t\,\text{V}$ 的电源上，求电流的解析式，并计算无功功率。

3-22 把一个 $20\mu\text{F}$ 的电容器分别接在 $f = 50\text{Hz}$ 及 $f = 500\text{Hz}$ 的电源上，试计算上述两种情况下的容抗。

3-23 一电容元件接在 220V 的工频交流电路中，通过的电流为 2A，试求元件的电容 C。

3-24 如图 3-33a、b、c 所示电路中，已知电流表 A_1、A_2、A_3 的读数均为 8A，求电流表 A 的读数。

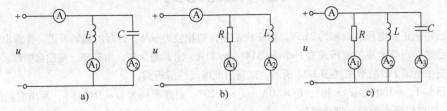

图 3-33　题 3-24 图

3-25 如图 3-34a、b 所示电路中，电压表 V_1、V_2、V_3 的读数都是 100V，求电压表 V 的读数。

3-26 RL 串联电路的电阻 $R = 30\Omega$，感抗 $X_L = 52\Omega$，接到电压 $u = 220\sqrt{2}\sin\omega t$ V 的电源上，求电流 i，并画出电压、电流相量图。

3-27 将一个电阻为 3Ω、电感为 $12.7\mathrm{mH}$ 的线圈接到电压 $u = 311\sin(314t + 30°)$ V 的电源上。求电路的复阻抗、电流及功率。

3-28 一个电感线圈，接到电压为 50V 的直流电源上，电流为 5A；当接到频率为 50Hz、电压 220V 的正弦交流电源上时，电流为 10A。求该线圈的电阻及电感。

3-29 如图 3-35 所示电路中，已知 $C = 39.8\mu\mathrm{F}$，电源频率为 50Hz，电源电压 $U = 50$V，电容电压 $U_C = 40$V。求电阻 R，并画出相量图。

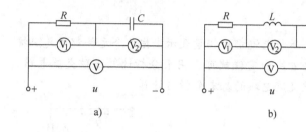

图 3-34 题 3-25 图

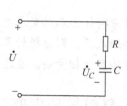

图 3-35 题 3-29 图

3-30 在 RC 串联电路中，已知电源电压 $u = 220\sqrt{2}\sin314t$ V，$R = 25\Omega$，$C = 73.5\mu\mathrm{F}$，求 I、U_R、U_C，并画出相量图。

3-31 在 RLC 串联电路中，已知 $R = 10\Omega$，$L = 0.1\mathrm{H}$，$C = 60\mu\mathrm{F}$。求频率为 50Hz 和 100Hz 时电路的复阻抗，并说明复阻抗是容性还是感性。

第4章

正弦交流电路的相量法

学习目标

在分析计算正弦交流电路时，只要把电压与电流都用相量表示，把各个元件都用复阻抗或复导纳表示，则分析计算直流电路的那些方法和定理就可以用来分析计算正弦交流电路，这种方法称为相量法。在这一章只进行正弦交流电路的基本分析与计算。

4.1 复阻抗的串联与并联

1. 复阻抗的串联电路

如图 4-1 所示的电路是多个复阻抗相串联的电路，电流和电压的参考方向均标于图上，根据相量形式的基尔霍夫电压定律，则总电压为

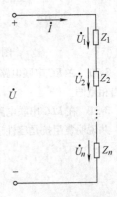

$$
\begin{aligned}
\dot{U} &= \dot{U}_1 + \dot{U}_2 + \cdots + \dot{U}_n \\
&= Z_1\dot{I} + Z_2\dot{I} + \cdots + Z_n\dot{I} \\
&= Z\dot{I}
\end{aligned}
$$

式中
$$Z = Z_1 + Z_2 + \cdots + Z_n \qquad (4\text{-}1)$$

图 4-1 复阻抗串联电路

Z 叫做串联电路的等效复阻抗，由式(4-1)可见，串联电路的等效复阻抗等于各个复阻抗之和。

设 $Z_1 = R_1 + jX_1$，$Z_2 = R_2 + jX_2$，$\cdots$，$Z_n = R_n + jX_n$

则

$$
\begin{aligned}
Z &= Z_1 + Z_2 + \cdots + Z_n \\
&= R_1 + jX_1 + R_2 + jX_2 + \cdots + R_n + jX_n \\
&= (R_1 + R_2 + \cdots + R_n) + j(X_1 + X_2 + \cdots + X_n) \\
&= R + jX
\end{aligned}
$$

式中，$R = R_1 + R_2 + \cdots + R_n$ 为串联电路的等效电阻，即各复阻抗的电阻之和。$X = X_1 + X_2 + \cdots + X_n$ 为串联电路的等效电抗，即各复阻抗的电抗之和。

将 Z 写成极坐标形式为

$$Z = |Z| \underline{/\varphi}$$

串联电路的等效阻抗为
$$|Z| = \sqrt{R^2 + X^2}$$

串联电路的等效阻抗角为
$$\varphi = \arctan \frac{X}{R}$$

需要强调的是，在复阻抗串联电路中，总复阻抗等于各个复阻抗之和，但总阻抗却不等

于各阻抗之和，即

$$|Z| \neq Z_1 + Z_2 + \cdots + Z_n$$

例 4-1 电路如图 4-2 所示，两个复阻抗 $Z_1 = (5 + j15)\,\Omega$ 与 $Z_2 = (1 - j7)\,\Omega$ 相串联，接在电压 $u = 100\sqrt{2}\sin(\omega t + 90°)\,$V 的电源上。试求等效阻抗 Z 及两复阻抗上的电压 u_1 和 u_2。

解：参考方向如图 4-2 所示，等效阻抗为

$$\begin{aligned} Z &= Z_1 + Z_2 = (5 + j15)\,\Omega + (1 - j7)\,\Omega \\ &= (6 + j8)\,\Omega = 10\,\underline{/53.13°}\,\Omega \end{aligned}$$

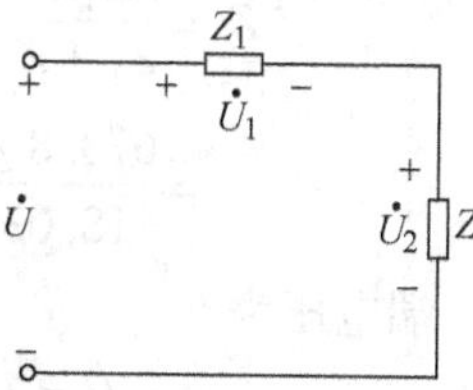

电路中的电流为

$$\dot{I} = \frac{\dot{U}}{Z} = \frac{100\,\underline{/90°}}{10\,\underline{/53.13°}} = 10\,\underline{/36.87°}\,\text{A}$$

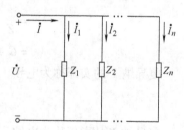

图 4-2 例 4-1 图

复阻抗 Z_1 的电压为

$$\begin{aligned} \dot{U}_1 &= Z_1 \dot{I} = (5 + j15) \times 10\,\underline{/36.87°}\,\text{V} \\ &= 15.81\,\underline{/71.57°} \times 10\,\underline{/36.87°}\,\text{V} \\ &= 158.1\,\underline{/108.44°}\,\text{V} \end{aligned}$$

复阻抗 Z_2 的电压为

$$\begin{aligned} \dot{U}_2 &= Z_2 \dot{I} = (1 - j7) \times 10\,\underline{/36.87°}\,\text{V} \\ &= 7.07\,\underline{/-81.87°} \times 10\,\underline{/36.87°}\,\text{V} \\ &= 70.7\,\underline{/-45°}\,\text{V} \end{aligned}$$

其解析式为

$$u_1 = 158.1\sqrt{2}\sin(\omega t + 108.4°)\,\text{V}$$

$$u_2 = 70.7\sqrt{2}\sin(\omega t - 45°)\,\text{V}$$

2. 复阻抗的并联电路

如图 4-3 所示的电路是多个复阻抗相并联的电路，电流和电压的参考方向均标于图上，根据相量形式的基尔霍夫电流定律，则总电流为

$$\begin{aligned} \dot{I} &= \dot{I}_1 + \dot{I}_2 + \cdots + \dot{I}_n \\ &= \frac{\dot{U}}{Z_1} + \frac{\dot{U}}{Z_2} + \cdots + \frac{\dot{U}}{Z_n} \\ &= \left(\frac{1}{Z_1} + \frac{1}{Z_2} + \cdots + \frac{1}{Z_n} \right) \dot{U} \\ &= \frac{\dot{U}}{Z} \end{aligned}$$

图 4-3 复阻抗并联电路

式中，Z 是并联电路的等效复阻抗，有以下关系

$$\frac{1}{Z} = \frac{1}{Z_1} + \frac{1}{Z_2} + \cdots + \frac{1}{Z_n} \tag{4-2}$$

例 4-2 电路如图 4-4 所示，已知 $R = 15\,\Omega$，$L = 30\,\text{mH}$，$C = 50\,\mu\text{F}$，$\omega = 1000\,\text{rad/s}$，总电流 $i = 5\sqrt{2}\sin(\omega t + 40°)\,$A。求电压 $\dot{U}$ 与电流 $\dot{I}_1$、$\dot{I}_2$。

解：各支路阻抗为

$$\begin{aligned} Z_1 &= R + j\omega L = (15 + j1000 \times 30 \times 10^{-3})\,\Omega \\ &= (15 + j30)\,\Omega = 33.54\,\underline{/63.43°}\,\Omega \end{aligned}$$

$$Z_2 = -j\frac{1}{\omega C} = -j\frac{1}{1000 \times 50 \times 10^{-6}}\Omega$$
$$= -j20\Omega = 20\underline{/-90°}\ \Omega$$

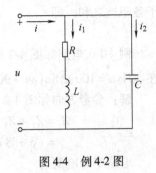

图 4-4 例 4-2 图

总阻抗为

$$Z = \frac{Z_1 Z_2}{Z_1 + Z_2} = \frac{33.54\underline{/63.43°}\ 20\underline{/-90°}}{15 + j30 - j20}\Omega$$
$$= \frac{670.8\underline{/-26.57°}}{18.03\underline{/33.69°}}\Omega = 37.2\underline{/-60.26°}\ \Omega$$

端电压为

$$\dot{U} = Z\dot{I} = 37.2\underline{/-60.26°} \times 5\underline{/40°}\ V = 186\underline{/-20.26°}\ V$$

支路电流为

$$\dot{I}_1 = \frac{\dot{U}}{Z_1} = \frac{186\underline{/-20.26°}}{33.54\underline{/63.43°}}A = 5.55\underline{/-83.69°}\ A$$

$$\dot{I}_2 = \frac{\dot{U}}{Z_2} = \frac{186\underline{/-20.26°}}{20\underline{/-90°}}A = 9.3\underline{/69.74°}\ A$$

4.2 复导纳分析并联电路

对于多个支路的并联电路，用复阻抗计算就显得很不方便。为了使问题更简便，现引入复导纳。

1. 复导纳

复阻抗的倒数叫做复导纳，用大写字母 Y 表示，即

$$Y = \frac{1}{Z} \tag{4-3}$$

Z 的单位为欧姆，Y 的单位为西门子(S)，简称西。

由 $Z = R + jX$，得

$$Y = \frac{1}{Z} = \frac{1}{R + jX} = \frac{R - jX}{R^2 + X^2} = \frac{R}{|Z|^2} + j\frac{-X}{|Z|^2}$$
$$= G + jB$$

复导纳 Y 的实部称为电导，则有

$$G = \frac{R}{|Z|^2}$$

复导纳 Y 的虚部称为电纳，则有

$$B = \frac{-X}{|Z|^2} = \frac{X_C - X_L}{|Z|^2}$$

G 和 B 的单位均为西(S)。

复导纳的极坐标形式为

$$Y = G + jB = |Y|\underline{/\varphi'} \tag{4-4}$$

式中，$|Y| = \sqrt{G^2 + B^2}$ 是复导纳的模，称为导纳。$\varphi' = \arctan\dfrac{B}{G}$ 是复导纳的幅角，称为导纳角。

$|Y|$、G、B 也可组成一个三角形,称为导纳三角形,上述关系式也都包含在导纳三角形之中。导纳三角形如图 4-5 所示。

根据复阻抗与复导纳的关系式

$$Y = \frac{1}{Z} = \frac{1}{|Z| \underline{/\varphi}} = \frac{1}{|Z|} \underline{/-\varphi}$$

而 $Y = |Y| \underline{/\varphi'}$,对比可以得出:

$|Y| = \dfrac{1}{|Z|}$ 即导纳等于对应阻抗的倒数。

$\varphi' = -\varphi$ 即导纳角等于对应阻抗角的负值。

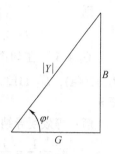

图 4-5　导纳三角形

当 $\dot{U}$、$\dot{I}$ 采用关联参考方向时,相量关系式 $\dot{I} = \dfrac{\dot{U}}{Z}$ 也可以表示为

$$\dot{I} = Y\dot{U} \text{ 或 } \dot{U} = \frac{\dot{I}}{Y}$$

2. 复导纳分析并联电路

如图 4-6 所示的电路是多支路并联电路,电压和电流的参考方向均标于图上,根据相量形式的基尔霍夫电流定律,则总电流为

$$\begin{aligned}
\dot{I} &= \dot{I}_1 + \dot{I}_2 + \cdots + \dot{I}_n \\
&= Y_1\dot{U}_1 + Y_2\dot{U}_2 + \cdots + Y_n\dot{U}_n \\
&= Y\dot{U}
\end{aligned}$$

式中,Y 为并联电路的等效复导纳,则有

$$Y = Y_1 + Y_2 + \cdots + Y_n \qquad (4\text{-}5)$$

当用代数形式表示复导纳时,有

$$\begin{aligned}
Y &= Y_1 + Y_2 + \cdots + Y_n \\
&= G_1 + jB_1 + G_2 + jB_2 + \cdots + G_n + jB_n \\
&= G + jB
\end{aligned}$$

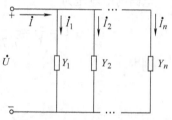

图 4-6　多支路并联电路

其中

$$G = \sum_{k=1}^{n} G_k \qquad B = \sum_{k=1}^{n} B_k$$

必须注意

$$|Y| \neq |Y_1| + |Y_2| + \cdots + |Y_n|$$

例 4-3　如图 4-7 所示的并联电路中,已知 $R = 50\Omega$,$L = 79.6\text{mH}$,电压 $u = 100\sqrt{2}\sin(314t + 30°)\text{V}$,试求电路总电流 i。

解:复导纳为

$$Y_1 = \frac{1}{R} = \frac{1}{50}\text{S} = 0.02\text{S}$$

$$Y_2 = \frac{1}{jX_L} = \frac{1}{j314 \times 79.6 \times 10^{-3}}\text{S} = -j0.04\text{S}$$

$$Y = Y_1 + Y_2 = 0.02 - j0.04\text{S} = 0.045 \underline{/-63.43°} \text{ S}$$

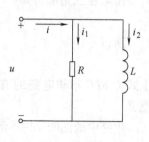

图 4-7　例 4-3 图

电路总电流为

$$\begin{aligned}
\dot{I} &= Y\dot{U} = 0.045 \underline{/-63.43°} \times 100 \underline{/30°} \\
&= 4.5 \underline{/-33.43°} \text{ A}
\end{aligned}$$

则
$$i = 4.5\sqrt{2}\sin(314t - 33.43°)\,\mathrm{A}$$

例 4-4 在如图 4-8 所示的电路中，已知 $R_1 = 250\Omega$，$R_2 = 300\Omega$，$L = 1\mathrm{H}$，$C = 10\mu\mathrm{F}$，$i = 1.15\sqrt{2}\sin314t\,\mathrm{A}$，求端电压 u。

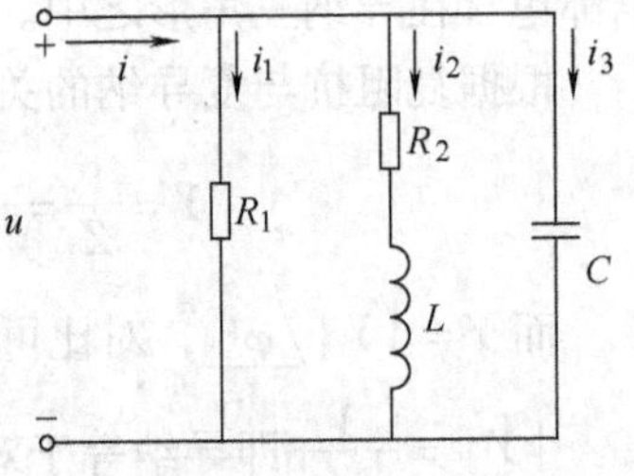

解：等效复导纳为

$$Y_1 = \frac{1}{R_1} = \frac{1}{250}\mathrm{S} = 4\times10^{-3}\mathrm{S}$$

图 4-8 例 4-4 图

$$Y_2 = \frac{1}{R_2 + \mathrm{j}\omega L} = \frac{1}{300 + \mathrm{j}314}\mathrm{S} = \frac{1}{434.28\,\underline{/46.31°}}\mathrm{S}$$

$$= 2.303\times10^{-3}\,\underline{/-46.31°}\,\mathrm{S} = (1.591 - \mathrm{j}1.665)\times10^{-3}\mathrm{S}$$

$$Y_3 = \mathrm{j}\omega C = \mathrm{j}314\times10\times10^{-6}\mathrm{S} = \mathrm{j}3.14\times10^{-3}\mathrm{S}$$

$$Y = Y_1 + Y_2 + Y_3 = 4\times10^{-3}\mathrm{S} + (1.591 - \mathrm{j}1.655)\times10^{-3}\mathrm{S} + \mathrm{j}3.14\times10^{-3}\mathrm{S}$$

$$= (5.591 + \mathrm{j}1.475)\times10^{-3}\mathrm{S} = 5.782\times10^{-3}\,\underline{/14.78°}\,\mathrm{S}$$

电路的端电压为

$$\dot{U} = \frac{\dot{I}}{Y} = \frac{1.15\,\underline{/0°}}{5.782\times10^{-3}\,\underline{/14.78°}}\mathrm{V} = 198.89\,\underline{/-14.78°}\,\mathrm{V}$$

则

$$u = 198.89\sqrt{2}\sin(314t - 14.78°)\,\mathrm{V}$$

4.3 交流电路的功率

在 RLC 串联电路中，既有耗能元件，又有储能元件，所以电路既有有功功率又有无功功率。

电路中只有电阻元件消耗能量，所以电路的有功功率就是电阻上消耗的功率，即

$$P = P_R = U_R I$$

由电压三角形可知

$$U_R = U\cos\varphi$$

所以

$$P = UI\cos\varphi \tag{4-6}$$

上式为 RLC 串联电路的有功功率公式，它也适用于其他形式的正弦交流电路，具有普遍意义。

电路中的储能元件不消耗能量，但与外界进行着周期性的能量交换。由于相位的差异，电感吸收能量时，电容释放能量；电感释放能量时，电容吸收能量，所以，RLC 串联电路和电源进行能量交换的最大值就是电感和电容无功功率的差值，即 RLC 串联电路的无功功率为

$$Q = Q_L - Q_C = (U_L - U_C)I = I^2(X_L - X_C)$$

由电压三角形可知

$$U_X = U_L - U_C = U\sin\varphi$$

所以

$$Q = UI\sin\varphi \tag{4-7}$$

上式为 RLC 串联电路的无功功率计算公式，它也适用于其他形式的正弦交流电路。

把电路的总电压有效值和总电流有效值的乘积称为视在功率，用符号 S 表示，它的单位是伏安（V·A）或千伏安（KV·A）。

$$S = UI \tag{4-8}$$

视在功率表示电源提供的总功率，也用视在功率表示交流设备的容量。通常所说变压器的容量，就是指视在功率。

将电压三角形的三条边同时乘以电流有效值 I，又能得到一个与电压三角形相似的三角形。它的三条边分别表示电路的有功功率 P、无功功率 Q 和视在功率 S，这个三角形就是功率三角形，如图4-9所示。P 与 S 的夹角 φ 称为功率因数角。至此，φ 角有三个含义，即电压超前电流的相位差、阻抗角和功率因数角，它们三角合一。

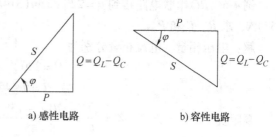

a) 感性电路　　　　　b) 容性电路

图4-9　功率三角形

由功率三角形可知

$$S = \sqrt{P^2 + Q^2} \tag{4-9}$$

$$\varphi = \arctan\frac{Q}{P} \tag{4-10}$$

为了表示电源功率被利用的程度，把有功功率与视在功率的比值称为功率因数，用 $\cos\varphi$ 表示，即

$$\cos\varphi = \frac{P}{S} \tag{4-11}$$

对于同一个电路，电压三角形、阻抗三角形和功率三角形都相似，所以有

$$\cos\varphi = \frac{P}{S} = \frac{U_R}{U} = \frac{R}{|Z|}$$

从上式可以看出，功率因数取决于电路元件的参数和电源的功率。

上述关于功率的有关公式虽然是由 RLC 串联电路得出的，但也适用于一般正弦交流电路，具有普遍意义。在计算时，只要把电路的总电压、总电流有效值及电路总复阻抗的阻抗角带入即可。

例4-5　电路如图4-10所示，已知电源频率为50Hz，电压表读数为100V，电流表读数为1A，功率表读数为40W，求 R 和 L 的大小。

解： 电路的功率就是电阻消耗的功率，由 $P = I^2R$ 得

$$R = \frac{P}{I^2} = \frac{40}{1^2}\Omega = 40\Omega$$

电路的阻抗为

$$|Z| = \frac{U}{I} = \frac{100}{1}\Omega = 100\Omega$$

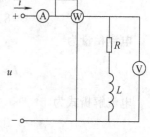

图4-10　例4-5图

由于

$$|Z| = \sqrt{R^2 + X_L^2}$$

所以感抗

$$X_L = \sqrt{|Z|^2 - R^2} = \sqrt{100^2 - 40^2}\ \Omega = 91.65\Omega$$

则电感

$$L = \frac{X_L}{2\pi f} = \frac{91.65}{2 \times 3.14 \times 50}\ H = 291.9mH$$

例 4-6 RC 串联电路接到 $u = 220\sqrt{2}\sin(314t - 15°)$ V 的电源上，电流 $i = 5\sqrt{2}\sin(314t + 45°)$ A，求 R、C 和 P。

解：电压相量、电流相量分别为

$$\dot{U} = 220\ \underline{/-15°}\ \text{V}$$

$$\dot{I} = 5\ \underline{/45°}\ \text{A}$$

复阻抗

$$Z = \frac{\dot{U}}{\dot{I}} = \frac{220\ \underline{/-15°}}{5\ \underline{/45°}}\ \Omega = 44\ \underline{/-60°}\ \Omega$$

$$= (22 - j38.1)\ \Omega$$

由 $Z = R - jX_C$ 可知

$$R = 22\Omega$$

$$X_C = 38.1\Omega$$

又 $X_C = \dfrac{1}{\omega C}$

所以 $C = \dfrac{1}{\omega X_C} = \dfrac{1}{314 \times 38.1}\ F = 83.6\mu F$

功率 $P = UI\cos\varphi = 220 \times 5 \times \cos(-60°)\ W = 550W$

或 $P = I^2 R = 5^2 \times 22\ W = 550W$

例 4-7 RLC 串联电路接在 $u = 100\sqrt{2}\sin(1000t + 30°)$ V 的电源上，已知 $R = 8\Omega$，$L = 20mH$，$C = 125\mu F$，求电流 i、有功功率、无功功率及视在功率。

解：复阻抗为

$$Z = R + j\left(\omega L - \frac{1}{\omega C}\right)$$

$$= 8\Omega + j\left(1000 \times 20 \times 10^{-3} - \frac{1}{1000 \times 125 \times 10^{-6}}\right)\Omega$$

$$= 8\Omega + j(20 - 8)\ \Omega$$

$$= 8\Omega + j12\Omega = 14.42\ \underline{/56.3°}\ \Omega$$

电流相量为

$$\dot{I} = \frac{\dot{U}}{Z} = \frac{100\ \underline{/30°}}{14.42\ \underline{/56.3°}}\ A = 6.93\ \underline{/-26.3°}\ A$$

电流解析式为

$$i = 6.93\sqrt{2}\sin(1000t - 26.3°)\ A$$

有功功率为

$$P = UI\cos\varphi = 100 \times 6.93 \times \cos56.3°\text{W} = 384.5\text{W}$$

无功功率为

$$Q = UI\sin\varphi = 100 \times 6.93 \times \sin56.3°\text{var} = 576.5\text{var}$$

视在功率为

$$S = UI = 100 \times 6.93\text{V} \cdot \text{A} = 693\text{V} \cdot \text{A}$$

4.4 功率因数的提高

1. 提高功率因数的意义

负载的功率因数越高，电源设备的利用率就越高。例如一台容量为 $100\text{kV} \cdot \text{A}$ 的变压器，当负载的功率因数 $\cos\varphi = 0.65$ 时，变压器能输出 $100\text{kV} \cdot \text{A} \times 0.65 = 65\text{kW}$ 的有功功率；当 $\cos\varphi = 0.9$ 时，变压器所能输出的有功功率为 $100\text{kV} \cdot \text{A} \times 0.9 = 90\text{kW}$。可见功率因数越高，变压器输出的有功功率就越高，即提高了变压器的利用率。

在一定的电压下向负载输送一定的有功功率时，负载的功率因数越高，输电线路的功率损失和电压降就越小。这是因为 $I = \dfrac{P}{U\cos\varphi}$，$\cos\varphi$ 越大，输电线路的电流 I 就越小，电流越小，线路中的功率损耗就越小，输电效率就越高。另外，电流小，输电线路上产生的电压降就小，这样就易于保证负载端的额定电压，有利于负载正常工作。

由以上分析可知，功率因数是电力系统中的一个重要参数，提高功率因数对发展国民经济有着重要的意义。

2. 提高功率因数的方法

在电力系统中，大多数为感性负载，提高功率因数最常用的方法就是并联电容器。其原理是利用电容和电感之间无功功率的互补性，减少电源与负载间交换的无功功率，从而提高电路的功率因数。

下面通过相量图，说明感性负载并联电容器后提高功率因数的原理。电路及相量如图 4-11 所示。

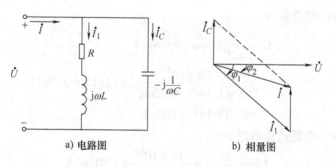

a) 电路图   b) 相量图

图 4-11 功率因数的提高

由图 4-11b 可以看出，并联电容器前，总电流就是感性支路上的电流，即 $\dot{I} = \dot{I}_1$，电压超前电流的相位差为 φ_1；并联电容器后，总电流 $\dot{I} = \dot{I}_1 + \dot{I}_C$，此时电压超前电流的相位差为 φ_2，$\varphi_2 < \varphi_1$，所以 $\cos\varphi_2 > \cos\varphi_1$，电路的功率因数提高了。需要强调：电源电压认为不变，并联电容器前后，原感性负载的工作状态并没有改变，功率因数始终是 $\cos\varphi_1$。并联电容器后提高了电路的功率因数，是指感性负载和电容器合起来的功率因数比仅是感性负载本身的功率因数提高了。

并联电容器前后电路消耗的有功功率是相等的，所以

并联电容器前

$$P = UI_1\cos\varphi_1 \qquad I_1 = \frac{P}{U\cos\varphi_1}$$

并联电容器后

$$P = UI\cos\varphi_2 \qquad I = \frac{P}{U\cos\varphi_2}$$

由相量图 4-11b 可知

$$I_C = I_1\sin\varphi_1 - I\sin\varphi_2 = \frac{P\sin\varphi_1}{U\cos\varphi_1} - \frac{P\sin\varphi_2}{U\cos\varphi_2}$$

$$= \frac{P}{U}\tan\varphi_1 - \frac{P}{U}\tan\varphi_2 = \frac{P}{U}(\tan\varphi_1 - \tan\varphi_2)$$

又因 $I = \dfrac{U}{X_C} = \omega CU$，代入上式可得

$$\omega CU = \frac{P}{U}(\tan\varphi_1 - \tan\varphi_2)$$

即

$$C = \frac{P}{\omega U^2}(\tan\varphi_1 - \tan\varphi_2) \qquad\qquad (4\text{-}12)$$

根据上式，可以计算功率因数由 $\cos\varphi_1$ 提高到 $\cos\varphi_2$ 所需并联的电容值。

例 4-8 有一感性负载的功率 $P = 10\text{kW}$，功率因数为 0.65，电源电压为 380V，频率为 50Hz。若把功率因数提高到 0.9，试求所需并联电容器的容量以及并联电容器前后电路的总电流。参见图 4-11a。

解：根据已知条件

$$\cos\varphi_1 = 0.65 \qquad \varphi_1 = 49.46° \qquad \tan\varphi_1 = 1.17$$
$$\cos\varphi_2 = 0.9 \qquad \varphi_2 = 25.84° \qquad \tan\varphi_2 = 0.48$$

所需并联电容器的容量为

$$C = \frac{P}{\omega U^2}(\tan\varphi_1 - \tan\varphi_2)$$

$$= \frac{10 \times 10^3}{2 \times 3.14 \times 50 \times 380^2} \times (1.17 - 0.48)\text{F}$$

$$= 0.00015\text{F} = 150\mu\text{F}$$

并联电容器前，电路的总电流为

$$I_1 = \frac{P}{U\cos\varphi_1} = \frac{10 \times 10^3}{380 \times 0.65}\text{A} = 40.49\text{A}$$

并联电容器后，电路的总电流为

$$I = \frac{P}{U\cos\varphi_2} = \frac{10 \times 10^3}{380 \times 0.9}\text{A} = 29.24\text{A}$$

4.5 谐振电路

谐振是电路中特有的一种现象，在电子技术中有着广泛的应用，而在电力系统中却要避免谐振发生。因此，只有搞清谐振发生的条件以及谐振的特征，才能趋利避害。

1. 串联谐振

（1）谐振发生的条件　含有电感和电容的无源二端网络，端口处的电压和电流的相位出现相同的现象，叫做谐振。谐振时网络的阻抗角为零，网络为电阻性，或者说，谐振发生的条件就是网络复阻抗的虚部为零。

RLC 串联电路中发生的谐振叫做串联谐振，如图 4-12 所示。

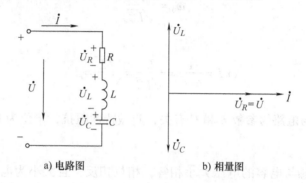

a) 电路图　　　　　　　　　　b) 相量图

图 4-12　*RLC* 串联谐振电路

RLC 串联电路中，其复阻抗为

$$Z = R + \mathrm{j}\left(\omega L - \frac{1}{\omega C}\right) = R + \mathrm{j}(X_L - X_C)$$

串联谐振发生的条件是：虚部为零，即

$$\omega L - \frac{1}{\omega C} = 0$$

由上式可以得出谐振的角频率和频率分别为

$$\omega_0 = \frac{1}{\sqrt{LC}}$$

$$f_0 = \frac{1}{2\pi\sqrt{LC}}$$

串联电路谐振频率 f_0（或 ω_0）仅与电路本身的参数 L、C 有关，因此，f_0 又称为电路的固有频率。若电路的 L、C 均为定值，则电路的谐振频率 f_0 为定值。改变电源的频率，使它和电路的固有频率相等时，就满足谐振条件，电路便发生谐振。若电源频率 f 为一定值，则调节电路参数 L、C 改变电路的固有频率 f_0，当固有频率和电源频率相等时，电路也能发生谐振。

例 4-9　在如图 4-13 所示的电路中，已知 $L = 300\mu\mathrm{H}$，C 为可调电容，$R = 5\Omega$，若电源频率为 900kHz，则 C 为何值才能使电路发生谐振。

解：由 $f_0 = \dfrac{1}{2\pi\sqrt{LC}}$ 得

$$C = \frac{1}{(2\pi f_0)^2 L} = \frac{1}{(2\pi 900 \times 10^3)^2 \times 300 \times 10^{-6}} \text{F} = 104.3 \text{pF}$$

（2）串联谐振的特点

1）谐振时，阻抗最小，电流最大。因为谐振时，$X = 0$，所以

$$|Z| = \sqrt{R^2 + X^2} = R$$

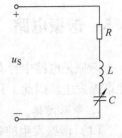

图 4-13　例 4-9 电路图

为最小值，且为纯电阻，而电路的电流 $I = U_s / |Z|$，所以当电源电压一定时，谐振时的电流为最大值，用 I_0 表示，$I_0 = U_s / R$，而且电流与电压同相。

2）谐振时，电路的电抗为零，感抗和容抗相等并等于电路的特性阻抗。由于谐振时

$$\omega_0 = \frac{1}{\sqrt{LC}}$$

则

$$\omega_0 L = \frac{1}{\omega_0 C} = \frac{L}{\sqrt{LC}} = \sqrt{\frac{L}{C}} = \rho$$

式中，$\rho = \sqrt{\dfrac{L}{C}}$，只与电路的参数 L 和 C 有关，叫做特性阻抗，单位为 Ω。ρ 是衡量电路特性的一个重要参数。

3）谐振时，电感与电容的电压大小相等，相位相反，且大小为电源电压 U_s 的 Q 倍。谐振时电感和电容的电压分别用 U_{L0} 和 U_{C0} 表示，则

$$U_{L0} = I_0 \omega_0 L = \rho \frac{U_s}{R} = \frac{\rho}{R} U_s = Q U_s$$

$$U_{C0} = I_0 \frac{1}{\omega_0 C} = \rho \frac{U_s}{R} = \frac{\rho}{R} U_s = Q U_s$$

式中，$Q = \dfrac{\omega_0 L}{R} = \dfrac{1}{R \omega_0 C} = \dfrac{\rho}{R}$，称为谐振电路的品质因数。$Q$ 只与电路的参数 R、L、C 有关，没有单位，是个纯数。电路的 Q 值一般在 50～200 之间。

由于谐振时，$U_{L0} = U_{C0} = Q U_s$，即使电源电压不高，电感和电容上的电压仍可能很高，所以，串联谐振也称为电压谐振。这一特点在无线电工程上是十分有用的，因为设备接收的信号非常弱，通过电压谐振可使信号电压升高。但在电力系统中，电压谐振产生的高电压有时会把线圈和电容器的绝缘击穿，造成设备损坏事故。因此，在电力系统中应尽量避免发生电压谐振。

例 4-10　在 RLC 串联谐振电路中，已知：$R = 4\Omega$，$L = 0.2\text{H}$，$C = 5\mu\text{F}$，电源电压 $U_s = 10\text{V}$。求（1）谐振角频率；（2）电路的特性阻抗；（3）电路的品质因数；（4）电路中的电流；（5）各元件上的电压。

解：（1）

$$\omega_0 = \frac{1}{\sqrt{LC}} = \frac{1}{\sqrt{0.2 \times 5 \times 10^{-6}}} \text{rad/s} = 10^3 \text{rad/s}$$

（2）

$$\rho = \sqrt{\frac{L}{C}} = \sqrt{\frac{0.2}{5 \times 10^{-6}}}\Omega = 200\Omega$$

（3）

$$Q = \frac{\rho}{R} = \frac{200}{4} = 50$$

（4）

$$I_0 = \frac{U_S}{R} = \frac{10}{4}A = 2.5A$$

（5）

$$U_{R0} = RI_0 = 4 \times 2.5V = 10V$$
$$U_{L0} = QU_S = 50 \times 10V = 500V$$
$$U_{C0} = QU_S = 50 \times 10V = 500V$$

2. 并联谐振

并联谐振电路如图 4-14 所示。这里只通过与串联谐振电路的比较，简单介绍一下并联谐振电路的谐振条件及特性。

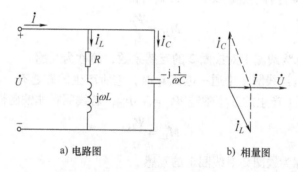

a) 电路图　　　　b) 相量图

图 4-14　并联谐振电路

1）谐振条件，并联谐振电路的复导纳

$$\dot{Y} = \dot{Y}_1 + \dot{Y}_2 = \frac{1}{R + j\omega L} + j\omega C$$

让其虚部为零，可得

$$\omega_0 = 2\pi f_0 = \frac{1}{\sqrt{LC}}\sqrt{1 - \frac{CR^2}{L}} = \frac{1}{\sqrt{LC}}\sqrt{1 - \frac{1}{Q^2}}$$

在电子技术中，一般谐振电路的 Q 值都比较大，因此并联谐振电路的谐振角频率

$$\omega_0 = 2\pi f_0 \approx \frac{1}{\sqrt{LC}}$$

2）并联谐振时，电路呈现高阻抗，谐振阻抗为

$$|Z_0| \approx Q^2 R$$

3）谐振时，电感电流与电容电流近似相等，且都是总电流的 Q 倍。

$$I_{L0} \approx I_{C0} = QI_0$$

Q 值越大，电感线圈和电容支路中的电流比总电流就越大，所以并联谐振又称为电流谐振，谐振时的电流相量图如图 4-14b 所示。

4.6 含互感的交流电路

1. 互感与互感电压

（1）互感系数　前面已经讲过，当通过电感线圈的电流变化时，由于电流产生的磁通也在变化，变化的磁通在电感线圈自身会产生感应电压，这种现象称为自感现象，产生的电压叫做自感电压。如果当两个线圈放置的比较近，其中一个线圈的电流变化时，它所产生的磁通不仅穿过本线圈，也有一部分穿过另外一个线圈，这样不仅在本线圈中会出现自感电压，还会在邻近的另一个线圈中产生感应电压，这个感应电压就叫做互感电压。这种由一个线圈上的电流变化引起另一个线圈中产生感应电压的现象叫做互感现象，简称为互感。

在图 4-15a 中，如果在线圈 1 中通一电流 i_1，它所产生的磁通 Φ_{11} 叫做自感磁通，Φ_{11} 不仅穿过本线圈形成自感磁链 $\Psi_{11} = N_1\Phi_{11}$，而且其中的一部分穿过线圈 2，用 Φ_{21} 来表示，这部分磁通在线圈 2 上形成互感磁链 $\Psi_{21} = N_2\Phi_{21}$。若线圈在非铁磁性的介质中，电流产生的磁通与电流大小成正比，匝数一定时，磁链也与电流大小成正比。当电流的参考方向与它产生的磁通的参考方向符合右手螺旋关系时，则可得

$$M_{21} = \frac{\Psi_{21}}{i_1}$$

式中，比例常数 M_{21} 称为线圈 1 对线圈 2 的互感系数，简称为互感。

如图 4-15b 所示，当线圈 2 中通一电流 i_2 时，它所产生的磁通有一部分穿过线圈 1，用 Φ_{12} 表示，它在线圈 1 上产生的互感磁链 $\Psi_{12} = N_1\Phi_{12}$，若线圈在非铁磁性介质中，则

$$M_{12} = \frac{\Psi_{12}}{i_2}$$

式中，比例常数 M_{12} 称为线圈 2 对线圈 1 的互感。

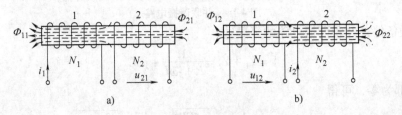

图 4-15　互感现象

事实表明，$M_{12} = M_{21} = M$，所以两线圈之间的互感就用 M 表示，互感的 SI 单位是亨利，用 H 表示。

互感是两个线圈之间的固有参数，其大小取决于两线圈的匝数、几何尺寸、相互位置以及磁介质。

两个线圈的磁通相互交链的关系称为磁耦合，两耦合线圈的电流所产生的磁通，一般情况下只有部分相互交链，而彼此不交链的那部分磁通称为漏磁通。两耦合线圈相互交链的磁通部分越大，表明两个线圈耦合的越紧密，反之，漏磁通越大，表明两个线圈耦合的越松散。为了表征两个线圈耦合的紧密程度，通常用耦合系数 k 来表示，它定义为

$$k = \frac{M}{\sqrt{L_1 L_2}}$$

当两个线圈并绕在同一轴上时，漏磁通很小，$k \approx 1$，属于紧密耦合；当两个线圈的轴向互相垂直时，耦合的磁通很小，$k \approx 0$，近乎无耦合。例如电力变压器的线圈耦合紧密，其耦合系数 $k \approx 0.95$；理想情况下，$k = 1$，称为全耦合；一般情况下，$0 < k < 1$。在电信系统中，一般采取垂直架设的方法以减少电力线路对电信线路的电磁干扰。

（2）互感电压 当线圈中电流的参考方向和它产生的磁通的参考方向符合右手螺旋关系时，有

$$\Psi_{21} = Mi_1 \qquad \Psi_{12} = Mi_2$$

若一个线圈中互感电压的参考方向与互感磁通的参考方向符合右手螺旋关系时，根据电磁感应定律，如图 4-15a 所示，电流 i_1 的变化而在线圈 2 中产生的互感电压为

$$u_{21} = \frac{\mathrm{d}\Psi_{21}}{\mathrm{d}t} = M\frac{\mathrm{d}i_1}{\mathrm{d}t}$$

同理，如图 4-15b 所示，i_2 的变化而在线圈 1 中产生的互感电压为

$$u_{12} = \frac{\mathrm{d}\Psi_{12}}{\mathrm{d}t} = M\frac{\mathrm{d}i_2}{\mathrm{d}t}$$

由上式可知，互感电压的大小取决于电流的变化率。若电流的变化率大于零，则互感电压为正值，表明实际方向与参考方向一致；若电流的变化率小于零，则互感电压为负值，表明互感电压的实际方向与参考方向相反。

以上互感电压的计算公式实用于任何形式的电流。当电流为正弦交流时，互感电压可用相量表示为

$$\dot{U}_{21} = \mathrm{j}\omega M\dot{I}_1 \qquad \dot{U}_{12} = \mathrm{j}\omega M\dot{I}_2$$

或者表示为

$$\dot{U}_{21} = \mathrm{j}X_\mathrm{M}\dot{I}_1 \qquad \dot{U}_{12} = \mathrm{j}X_\mathrm{M}\dot{I}_2$$

其中：$X_\mathrm{M} = \omega M$ 称为互感抗，单位还是欧姆。

2. 同名端及其应用

自感与互感都属于电磁感应。自感电压与产生它的电流在同一线圈中，只要选择它们为关联参考方向，即可用公式 $\left(u = L\frac{\mathrm{d}i}{\mathrm{d}t}\right)$ 计算，而无需考虑线圈的实际绕向。可是互感电压与产生它的电流不在同一线圈中，怎样才能避开互感线圈的实际绕向、相互位置和右手螺旋法则，而由电流的参考方向直接确定它所产生的互感电压的参考方向呢？这就需要在互感线圈之间确立一个参考点，这个参考点就是同名端。

（1）同名端的定义 如图 4-16 所示，当线圈 a 中通以电流 i，并且设电流正在增大，则线圈 a 中的自感电压的实际极性与线圈 b、c 中互感电压的实际极性如图中所标；如果电流 i 在减小，各端钮的极性都将改变。在同一磁通的作用下，端钮 1、4、5 的极性始终一致；同样端钮 2、3、6 的极性也始终一致。另外，不论电流从哪一线圈的哪一端流入或者流出，上述端钮的极性关

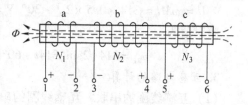

图 4-16 线圈的同名端

系始终不变。

把极性始终一致的端钮称为同名端。因此1、4、5是同名端，2、3、6也是同名端，而1、4、5与2、3、6为异名端。同名端要用相同的符号标记，常用的符号有"＊"或"△"，标出一组后，另一组同名端则不需标记。

（2）同名端的判断　当有电流从同名端流入时，它们产生的磁通是相互加强的。在知道两线圈的绕向及相对位置时，可利用上述特性来判断同名端，这一特性可以从图4-16中看出。

另外，在实际工作中，往往不知道互感线圈的绕向及相互位置，线圈是被封装起来的，这种情况下，只好用试验的方法测定线圈的同名端。原理是：当有增大的电流从同名端流入时，另一线圈的同名端处出现高电位。这一特性也可以从图4-16中看出。

（3）同名端的应用　有了同名端使互感线圈的表示变得简单，不需要画出绕向和相对位置，只用符号表示即可，如图4-17a所示；有了同名端使互感电压方向的确定变得简单，那就是：互感电压的参考方向与产生它的电流参考方向对同名端一致。即电流从同名端指向异名端，互感电压也从同名端指向异名端，反之亦然，如图4-17b所示。

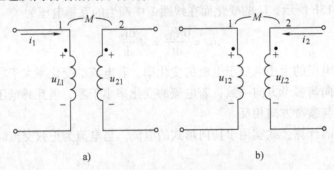

a)　　　　　　　　　　　b)

图4-17　互感线圈中电流、电压的参考方向

采用对同名端一致的方法表示互感电压与产生它的电流的参考方向时，互感电压的参考方向与互感磁通的参考方向始终符合右手螺旋关系，互感电压即可用下式计算

$$u_{21} = M\frac{\mathrm{d}i_1}{\mathrm{d}t} \qquad u_{12} = M\frac{\mathrm{d}i_2}{\mathrm{d}t}$$

例4-11　电路如图4-18所示，两线圈之间的互感 $M = 0.5\mathrm{H}$，线圈1中的电流 $i_1 = 2\sqrt{2}\sin(314t - 30°)\mathrm{A}$，求线圈2上的互感电压 u_{21}。

解：选 u_{21} 的参考方向与 i_1 的参考方向对同名端指向一致，如图4-18所示，电流为正弦交流，故互感电压的相量形式为

$$\dot{U} = \mathrm{j}\omega M\dot{I} = \mathrm{j}314 \times 0.5 \times 2\underline{/-30°}\ \mathrm{V} = 314\underline{/60°}\ \mathrm{V}$$

瞬时值为

$$u_{21} = 314\sqrt{2}\sin(314t + 60°)\mathrm{V}$$

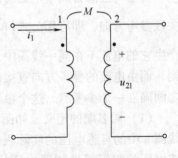

图4-18　例4-11图

3. 互感电路的计算

（1）互感线圈的串联　互感线圈的串联有顺向串联和反向串联，所谓顺向串联就是两线圈的异名端相连，反向串联就是同名端相连，如图4-19所示。

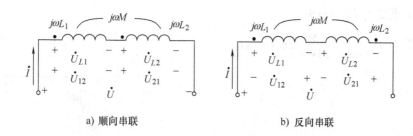

a) 顺向串联   b) 反向串联

图 4-19　互感线圈的联结

图中已经标出电流及各电压的参考方向，当电流为正弦交流时，顺向串联总电压的相量表达式为

$$\dot{U} = \dot{U}_{L1} + \dot{U}_{12} + \dot{U}_{L2} + \dot{U}_{21} = j\omega L_1 \dot{I} + j\omega M \dot{I} + j\omega L_2 \dot{I} + j\omega M \dot{I}$$
$$= j\omega(L_1 + L_2 + 2M)\dot{I}$$
$$= j\omega L_F \dot{I}$$

式中，$L_F = L_1 + L_2 + 2M$，为线圈顺向串联的等效电感。

反向串联时总电压的相量表达式为

$$\dot{U} = \dot{U}_{L1} - \dot{U}_{12} + \dot{U}_{L2} - \dot{U}_{21} = j\omega L_1 \dot{I} - j\omega M \dot{I} + j\omega L_2 \dot{I} - j\omega M \dot{I}$$
$$= j\omega(L_1 + L_2 - 2M)\dot{I}$$
$$= j\omega L_R \dot{I}$$

式中，$L_R = L_1 + L_2 - 2M$，为线圈反向串联的等效电感。

利用互感线圈的两种串联方法可以测定互感线圈的同名端和互感系数。因为顺向串联时等效电感大，反向串联时等效电感小，所以等效电感大者为顺向串联，等效电感小者则为反向串联。且互感系数为

$$L_F - L_R = L_1 + L_2 + 2M - (L_1 + L_2 - 2M) = 4M$$

$$M = \frac{L_F - L_R}{4}$$

例 4-12　电路如图 4-20 所示，已知 $R = 15\Omega$，$L_1 = L_2 = 0.5H$，$k = 0.6$，$C = 10pF$，求电路谐振时的频率为多少？

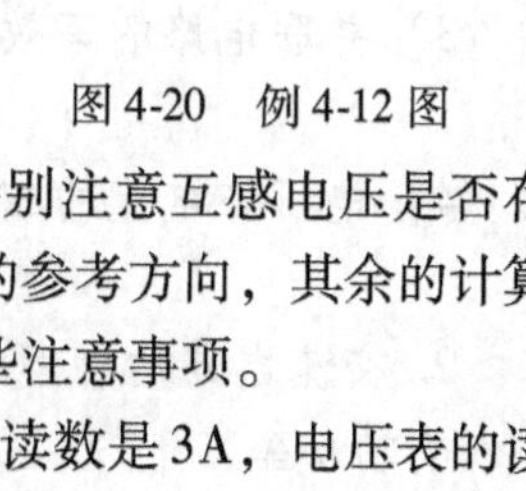

解：由公式 $k = \dfrac{M}{\sqrt{L_1 L_2}}$ 可得

$$M = k\sqrt{L_1 L_2} = 0.6 \times \sqrt{0.5 \times 0.5}\,H = 0.3H$$
$$L_F = L_1 + L_2 + 2M = (0.5 + 0.5 + 2 \times 0.3)\,H = 1.6H$$
$$f_0 = \frac{1}{2\pi\sqrt{LC}} = \frac{1}{2\pi\sqrt{1.6 \times 10 \times 10^{-12}}}\,Hz = 39.8kHz$$

图 4-20　例 4-12 图

（2）互感电路的计算　对有互感的电路进行分析计算时，要特别注意互感电压是否存在，这要看另一线圈中是否有电流通过，同时要正确标出互感电压的参考方向，其余的计算方法与一般交流电路的计算方法完全一样。下面通过例题来说明一些注意事项。

例 4-13　电路如图 4-21 所示，已知电源频率是 50Hz，电流表的读数是 3A，电压表的读数是 95V，试求两线圈之间的互感系数。

解：由相量关系式 $\dot{U}_{21} = j\omega M \dot{I}_1$ 可得

86

有效值关系式为 $U_{21} = \omega M I_1$

互感系数为 $M = \dfrac{U_{21}}{\omega I_1} = \dfrac{95}{314 \times 3}H = 0.1H$

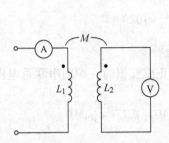

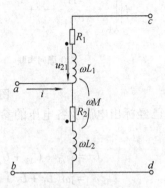

图 4-21 例 4-13 图   图 4-22 例 4-14 图

例 4-14 电路如图 4-22 所示，已知 $R_1 = 5\Omega$，$R_2 = 3\Omega$，$\omega M = 3\Omega$，$\omega L_1 = 8\Omega$，$\omega L_2 = 4\Omega$，a、b 两端所加电压 $\dot{U}_{ab} = 50\ \underline{/0°}$ V，试求 c、d 两端开路时的电压 $\dot{U}_{cd}$。

解： $\dot{I} = \dfrac{\dot{U}_{ab}}{R_2 + j\omega L_2} = \dfrac{50\ \underline{/0°}}{3 + j4}A = \dfrac{50\ \underline{/0°}}{5\ \underline{/53.13°}}A = 10\ \underline{/-53.13°}$ A

$\dot{U}_{cd} = (R_2 + j\omega L_2 + j\omega M)\dot{I} = (3 + j4 + j3) \times 10\ \underline{/-53.13°}$ V $= 7.62\ \underline{/66.8°} \times 10\ \underline{/-53.13°}$ V

$= 76.2\ \underline{/13.67°}$ V

本 章 小 结

1. 复阻抗与复导纳

$$Y = \frac{1}{Z} = |Y|\ \underline{/\varphi'}$$

$$|Y| = \frac{1}{|Z|} \qquad \varphi' = -\varphi$$

1）串联电路的等效复阻抗

$$Z = Z_1 + Z_2 + \cdots + Z_n$$

2）并联电路的等效复阻抗

$$\frac{1}{Z} = \frac{1}{Z_1} + \frac{1}{Z_2} + \cdots + \frac{1}{Z_n}$$

3）并联电路的等效复导纳

$$Y = Y_1 + Y_2 + \cdots + Y_n$$

4）电压与电流的相量关系用复导纳表示

$$\dot{I} = Y\dot{U}$$

2. 交流电路的功率

有功功率

$$P = UI\cos\varphi = I^2 R$$

无功功率

$$Q = UI\sin\varphi = I^2 X$$

视在功率

$$S = \sqrt{P^2 + Q^2} = UI = I^2 \mid Z \mid$$

功率因数

$$\lambda = \cos\varphi = \frac{P}{S}$$

3. 功率因数的提高

提高功率因数的意义：提高电源设备的利用率，降低输电线上的功率损耗和电压损失。

提高功率因数的方法：对感性负载并联电容器

$$C = \frac{P}{\omega U^2}(\tan\varphi_1 - \tan\varphi_2)$$

4. 谐振电路

1）串联谐振：

谐振的条件

$$X_C = X_L$$

谐振的频率

$$f_0 = \frac{1}{2\pi\sqrt{LC}}$$

特性阻抗

$$\rho = \sqrt{\frac{L}{C}}$$

品质因数

$$Q = \frac{\omega_0 L}{R} = \frac{1}{\omega_0 CR} = \frac{\rho}{R}$$

2）并联谐振：

谐振的频率

$$f_0 \approx \frac{1}{2\pi\sqrt{LC}}$$

5. 互感电路

1）互感系数：

$$M = \frac{\Psi_{21}}{i_1} = \frac{\Psi_{12}}{i_2}$$

2）耦合系数：

$$k = \frac{M}{\sqrt{L_1 L_2}}$$

3）同名端：互感线圈中，无论电流如何变化，实际极性始终相同的端叫同名端。

4）互感电压：当互感电压与产生它的电流的参考方向对同名端一致时

$$u_{12} = M\frac{\mathrm{d}i_2}{\mathrm{d}t}$$

$$u_{21} = M\frac{\mathrm{d}i_1}{\mathrm{d}t}$$

对于正弦电流

$$\dot{U}_{12} = \mathrm{j}\omega M \dot{I}_2$$
$$\dot{U}_{21} = \mathrm{j}\omega M \dot{I}_1$$

5）互感线圈的串联：

顺向串联

$$L_\mathrm{F} = L_1 + L_2 + 2M$$

反向串联 $$L_R = L_1 + L_2 - 2M$$

互感 $$M = \frac{L_F - L_R}{4}$$

思考题与习题

4-1 电路如图 4-23 所示，已知 $\dot{U} = 100 \underline{/30°}$ V，$\dot{I} = 4 \underline{/-10°}$ A，$Z_1 = (4 + j6)\Omega$，试求 Z_2。

4-2 已知 $Z_1 = 6 \underline{/60°}$ Ω、$Z_2 = (7 + j15)\Omega$ 和 $Z_3 = -j8\Omega$ 相串联，若 Z_1 两端的电压为 $36 \underline{/75°}$ V，求外加电压 $\dot{U}$。

4-3 在如图 4-24 所示的电路中，已知 $Z_1 = (30 + j30)\Omega$、$Z_2 = (20 + j40)\Omega$，$Z_3 = (30 - j10)\Omega$，电源电压 $\dot{U} = 220 \underline{/15°}$ V。求电路的电流 $\dot{I}$。

4-4 电路如图 4-25 所示，已知 $\dot{U} = 220 \underline{/0°}$ V，$Z_1 = j10\Omega$，$Z_2 = j50\Omega$，$Z_3 = 100\Omega$，试求各支路的电流相量。

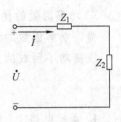

图 4-23 题 4-1 图

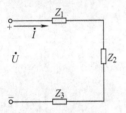

图 4-24 题 4-3 图

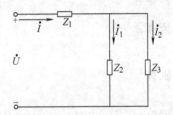

图 4-25 题 4-4 图

4-5 在如图 4-26 所示的电路中，开关断开和闭合时，电流表的读数相同，试求感抗 X_L。

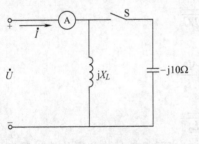

图 4-26 题 4-5 图

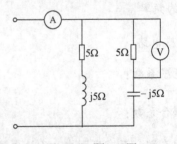

图 4-27 题 4-6 图

4-6 电路如图 4-27 所示，已知电压表的读数为 50V，试求电流表的读数为多少。

4-7 电路如图 4-28 所示，已知 $\dot{U} = 100 \underline{/0°}$ V，$R_1 = 20\Omega$，$R_2 = 15\Omega$，$X_L = 20\Omega$，$X_C = 10\Omega$。求电路的等效复导纳和总电流相量。

4-8 在 RLC 串联电路中，已知 $R = 20\Omega$，$X_L = 25\Omega$，$X_C = 5\Omega$，电源电压 $\dot{U} = 70.7 \underline{/0°}$ V，试求电路的有功功率、无功功率和视在功率。

4-9 已知 40W 的荧光灯，在 $U = 220$V 正弦交流电压下正常发光，此时电流 $I = 0.4$A，求该荧光灯的功率因数和无功功率 Q。

4-10 电路如图 4-29 所示，$X_L = 60\Omega$，电源电压 U 不变，S 合上和打开时，电流表 A 的读数不变，求 X_C。

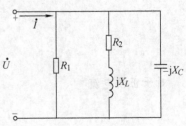

图 4-28 题 4-7 图

4-11 某车间取用的功率为 600kW，功率因数为 0.65，今欲将功率因数提高到 0.9，求所需并联的电容值以及并联电容前后输电线上的电流。已知电源电压为 10kV，频率为 50Hz。

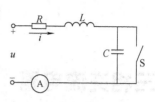

图 4-29　题 4-10 图

4-12 电压为 220V、频率为 50Hz 的电源上，接有功率为 40W、功率因数为 0.5 的荧光灯 100 只。为了提高功率因数，给它并联一个 $292.68\mu F$ 的电容器，试求并联电容器后电路的功率因数。

4-13 在 RLC 串联电路中，已知 $R = 25\Omega$，$L = 0.4H$，$C = 0.025\mu F$，电源电压 $U = 50V$。试求电路谐振时的频率，电路中的电流、电感两端的电压及电路的品质因数。

4-14 串联谐振电路的谐振频率 $f_0 = 5kHz$，品质因数 $Q = 60$，电阻 $R = 10\Omega$，试求电感 L 和电容 C。

4-15 电路如图 4-30 所示，在 $\dot{U}$ 与 $\dot{I}$ 同相的条件下，求 X_C。

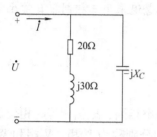

图 4-30　题 4-15 图

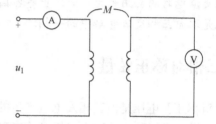

图 4-31　题 4-16 图

4-16 在如图 4-31 所示的电路中，电源频率为 50Hz，电流表读数为 1.5A，电压表读数为 180V，试求两线圈的互感 M。

4-17 在如图 4-32 所示的电路中，标出自感电压与互感电压的参考方向，并写出 $\dot{U}_{ab}$ 与 $\dot{U}_{cd}$ 的表达式。

4-18 两耦合线圈，其中 $L_1 = 2H$，$L_2 = 3H$，$M = 1H$，试分别计算两线圈顺向串联和反向串联时的等效电感。

4-19 在如图 4-33 所示的电路中，已知 $R = 10\Omega$，$L_1 = 3H$，$L_2 = 4H$，$M = 1H$，$C = 20pF$。试求等效电感及谐振角频率。

4-20 在如图 4-34 所示的电路中，已知 $R_1 = 15\Omega$，$R_2 = 25\Omega$，$\omega L_1 = 20\Omega$，$\omega L_2 = 40\Omega$，$\omega M = 15\Omega$，当 a、b 两端加上正弦电压 220V 时，求 c、d 端开路时的电压 U_{cd}。

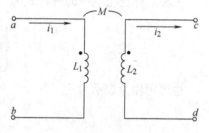

图 4-32　题 4-17 图

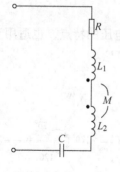

图 4-33　题 4-19 图

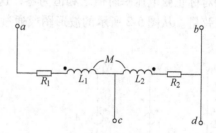

图 4-34　题 4-20 图

第 5 章

三相交流电路

学习目标

三相交流电路的应用最为广泛，世界各国的电力系统普遍采用三相制。日常生活中的单相用电也是取自三相交流电路中的一相。

5.1 三相对称正弦量

三相对称正弦电压是由三相发电机产生的，它们的频率相同、振幅相等、相位彼此相差120°，把这样一组正弦电压称为三相对称正弦电压。三相分别称为 U 相、V 相和 W 相，三相电源的始端（也叫相头）分别标以 U_1、V_1、W_1，末端（也叫相尾）分别标以 U_2、V_2、W_2，如图 5-1 所示。

三相对称正弦电压的解析式为

$$\begin{cases} u_U = U_m \sin\omega t \\ u_V = U_m \sin(\omega t - 120°) \\ u_W = U_m \sin(\omega t + 120°) \end{cases} \tag{5-1}$$

也可用相量表示为

$$\begin{cases} \dot{U}_U = U \angle 0° \\ \dot{U}_V = U \angle -120° \\ \dot{U}_W = U \angle 120° \end{cases} \tag{5-2}$$

它们的波形图和相量图分别如图 5-2a、b 所示。

三相对称正弦电压瞬时值之和恒为零，这是三相对称正弦电压的特点，也适用于其他三相对称正弦量。从图 5-2 所示的波形图或通过计算可得出上述结论。

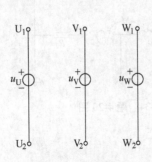

图 5-1　三相电源

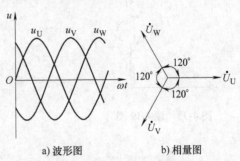

a) 波形图　　　　b) 相量图

图 5-2　三相对称正弦电压的波形图与相量图

解析式之和为零，即

$$u_U + u_V + u_W = U_m\sin\omega t + U_m\sin(\omega t - 120°) + U_m\sin(\omega t + 120°)$$
$$= U_m\sin\omega t + U_m\sin\omega t\cos120° - U_m\cos\omega t\sin120° + U_m\sin\omega t\cos120°$$
$$+ U_m\cos\omega t\sin120°$$
$$= U_m\sin\omega t + U_m\sin\omega t\cos120° + U_m\sin\omega t\cos120°$$
$$= U_m\sin\omega t(1 + 2\cos120°)$$
$$= U_m\sin\omega t\left(1 - 2 \times \frac{1}{2}\right) = 0$$

从相量图上可以看出，三相对称正弦电压的相量和为零，即

$$\dot{U}_U + \dot{U}_V + \dot{U}_W = U\underline{/\,0°\,} + U\underline{/\,-120°\,} + U\underline{/\,120°\,}$$
$$= U + U\frac{-1-j\sqrt{3}}{2} + U\frac{-1+j\sqrt{3}}{2}$$
$$= \dot{U}\left(1 - \frac{1+\sqrt{3}}{2} + \frac{-1+\sqrt{3}}{2}\right) = U(1-1) = 0$$

三相对称正弦电压的频率相同，振幅相等，其区别是相位不同。相位不同，表明各相电压到达零值或正峰值的时间不同，这种先后次序称为相序。在图 5-2 中，对称三相正弦电压到达正峰值或零值的先后次序为 u_U、u_V、u_W，其相序为 U-V-W-U，这样的相序称为正序。如果到达正峰值或零值的顺序为 u_U、u_W、u_V，那么，三相电压的相序 U-W-V-U 称为负序。工程上通用的相序是正序，如果不加说明，都为正序。在变配电所的母线上一般都涂以黄、绿和红三种颜色，分别表示 U 相、V 相和 W 相。

对于三相电动机，改变其电源的相序就可改变电动机的运转方向，常用来控制电动机的正转或反转。

5.2　三相电源和负载的连接

三相发电机输出的三相电压，每一相都可以作为独立电源单独接上负载供电，每相需要两根输电线，共需六根线，很不经济，因此不采用这种供电方式。在实际应用中是将三相电源接成星形（Y）和三角形（△）两种方式，只需三根或四根输电线供电。

1. 电源的星形联结

如图 5-3 所示，把三相电源的负极性端即末端接在一起成为一个公共点，叫做中性点，用 N 表示，由始端 U_1、V_1、W_1 引出三根线作为输电线，这种联接方式称为星形联结。

由始端 U_1、V_1、W_1 引出的三根线叫做端线（俗称火线）。从中性点引出的线叫做中性线，简称中线（俗称零线）。

每相电源的电压称为电源的相电压。星形联结又有中性线时，相电压就是端线与中性线之间的电压，用符号 u_U、u_V、u_W 表示。

端线之间的电压称为电源的线电压。线电压的参

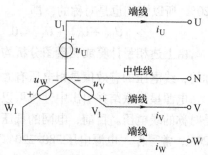

图 5-3　三相电源的星形联结

考方向规定为由 U 线指向 V 线、V 线指向 W 线、W 线指向 U 线，即用 u_{UV}、u_{VW}、u_{WU} 表示。

现在分析三相电源星形联结时，线电压与相电压之间的关系。

根据基尔霍夫定律可得

$$u_{UV} = u_U - u_V$$
$$u_{VW} = u_V - u_W$$
$$u_{WU} = u_W - u_U$$

用相量表示

$$\dot{U}_{UV} = \dot{U}_U - \dot{U}_V$$
$$\dot{U}_{VW} = \dot{U}_V - \dot{U}_W$$
$$\dot{U}_{WU} = \dot{U}_W - \dot{U}_U$$

设三相对称电源每相电压的有效值用 U_P 表示，线电压的有效值用 U_l 表示。如果以 $\dot{U}_U$ 作为参考相量，即

$$\dot{U}_U = U_P \angle 0°$$

则根据对称性，有

$$\dot{U}_V = U_P \angle -120°$$
$$\dot{U}_W = U_P \angle 120°$$

将这组对称相量代入上面关系式得

$$\begin{cases} \dot{U}_{UV} = U_P \angle 0° - U_P \angle -120° = \sqrt{3}U_P \angle 30° = \sqrt{3}\dot{U}_U \angle 30° \\ \dot{U}_{VW} = U_P \angle -120° - U_P \angle 120° = \sqrt{3}U_P \angle -90° = \sqrt{3}\dot{U}_V \angle 30° \\ \dot{U}_{WU} = U_P \angle 120° - U_P \angle 0° = \sqrt{3}U_P \angle 150° = \sqrt{3}\dot{U}_W \angle 30° \end{cases} \quad (5-3)$$

相电压和线电压的相量图如图 5-4 所示，根据平行四边形法则或三角形法则作图求线电压。

从图中可见，线电压 u_{UV}、u_{VW}、u_{WU} 分别比相电压 u_U、u_V、u_W 超前 30°角，而且

$$\frac{1}{2}U_l = U_P \cos 30°$$

所以

$$U_l = \sqrt{3}U_P \quad (5-4)$$

由于三个线电压的大小相等、相位彼此相差120°，所以它们也是对称的，即

$$\dot{U}_{UV} + \dot{U}_{VW} + \dot{U}_{WU} = 0$$

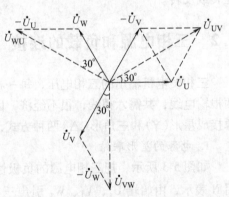

图 5-4　星形联结相电压与线电压的相量图

由上述相量计算或相量图分析均可得出结论：当三个相电压对称时，三个线电压也是对称的；线电压的有效值是相电压有效值的 $\sqrt{3}$ 倍；线电压超前对应的相电压30°。

电源星形联结并引出中性线可以供应两套三相对称电压，一套是对称的相电压，另一套是对称的线电压。目前，电网的低压供电系统就采用这种方式，线电压为 380V，相电压为 220V，常写作"电源电压 380/220V"。

流过端线的电流叫做电源的线电流，线电流的参考方向规定为电源端指向负载端，用

i_U、i_V、i_W 表示。流过电源内的电流称为电源的相电流，电源相电流的参考方向规定为末端指向始端。由图 5-3 可见，当三相电源为星形联结时，电路中的线电流与对应的电源相电流相等。

2. 三相电源的三角形联结

如图 5-5 所示，将三相电源的相头和相尾依次连接，即 U 相的相尾与 V 相的相头连接，V 相的相尾与 W 相的相头连接，W 相的相尾与 U 相的相头连接，组成一个三角形，从三角形的三个顶点分别引出三根线作为输电线，这种连接方式称为三角形联结。

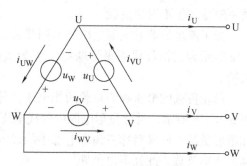

图 5-5　三相电源的三角形联结

由图 5-5 可以看出，三相电源三角形联结时各线电压就是对应的相电压。

由于三相对称电压 $u_U + u_V + u_W = 0$，所以三角形闭合回路中的电源总电压为零，不会引起环路电流。需要注意的是：三相电源作三角形联结时，必须按始、末端依次连接，任何一相电源接反，闭合回路中的电源总电压就是相电压的两倍，由于闭合回路内的阻抗很小，所以，会产生很大的环路电流，致使电源被烧毁。

现在分析三相电源三角形联结时，线电流与相电流之间的关系。

相电流、线电流如图 5-5 所示，根据基尔霍夫电流定律可得

$$i_U = i_{VU} - i_{UW}$$
$$i_V = i_{WV} - i_{VU}$$
$$i_W = i_{UW} - i_{WV}$$

用相量表示为

$$\dot{I}_U = \dot{I}_{VU} - \dot{I}_{UW}$$
$$\dot{I}_V = \dot{I}_{WV} - \dot{I}_{VU}$$
$$\dot{I}_W = \dot{I}_{UW} - \dot{I}_{WV}$$

如果电源的三个相电流是一组对称正弦量，那么按上述相量关系式作相量图如图 5-6 所示，由图可知，三个线电流也是一组对称正弦量。

若对称相电流的有效值用 I_P 表示，对称线电流的有效值用 I_l 表示，由相量图可得

$$I_l = \sqrt{3}I_P \tag{5-5}$$

总之，当三相电流对称时，线电流的有效值是相电流有效值的 $\sqrt{3}$ 倍，线电流滞后对应的相电流 30°，即

$$\begin{cases} \dot{I}_U = \sqrt{3}\dot{I}_{VU}\underline{/-30°} \\ \dot{I}_V = \sqrt{3}\dot{I}_{WV}\underline{/-30°} \\ \dot{I}_W = \sqrt{3}\dot{I}_{UW}\underline{/-30°} \end{cases} \tag{5-6}$$

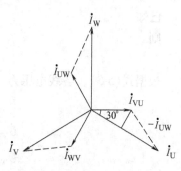

3. 三相负载的连接

交流电器设备种类繁多，按其对电源的要求可分为两　图 5-6　三角形联结的电流相量图

类。一类是只需单相电源即可工作，称为单相负载，如电灯、电烙铁和电视机等。另一类是必须接上三相电源才能正常工作，称为三相负载，如三相电动机等。

在三相负载中，如果每相的复阻抗相等，则称为三相对称负载，否则就是三相不对称负载。三相电动机等三相负载就是三相对称负载。在照明电路中，由单相负载组合成的三相负载一般是三相不对称负载。

为了满足负载对电源电压的不同要求，三相负载也有星形和三角形两种连接方式。如图5-7a 所示为三相负载的星形联结，N′为负载中性点，如图 5-7b 所示为三相负载的三角形联结。

每相负载的电压称为负载的相电压，每相负载的电流称为负载的相电流，其参考方向如图 5-7a、b 所示，对称星形电源中的线电压与相电压、线电流与相电流的关系完全适用于对称星形负载；同样对称三角形电源中的线电压与相电压、线电流与相电流的关系也适用于对称三角形负载，此处不再推导。

需要强调的是，星形联结中的线电压超前对应的相电压30°；三角形联结中性线电流滞后对应的相电流30°，它们的对应关系不能搞错。

例 5-1 星形联结的三相对称电源如图 5-8 所示。已知线电压为 380V，若以 $\dot{U}_U$ 为参考相量，试求相电压，并写出各电压相量 $\dot{U}_U$、$\dot{U}_V$、$\dot{U}_W$、$\dot{U}_{UV}$、$\dot{U}_{VW}$、$\dot{U}_{WU}$。

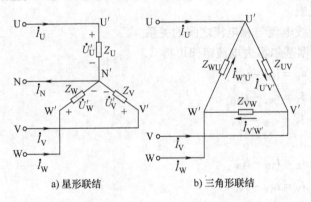

a) 星形联结   b) 三角形联结

图 5-7　三相负载的星形联结与三角形联结　　　　图 5-8　例 5-1 图

解：根据公式(5-4)，得相电压为

$$U_P = \frac{U_1}{\sqrt{3}} = \frac{380}{\sqrt{3}}V = 220V$$

已知　　　　　　　　　　$\dot{U}_U = 220 \underline{/\,0°}\ \text{V}$

则　　　　　　　　　　　$\dot{U}_V = 220 \underline{/\,-120°}\ \text{V}$

　　　　　　　　　　　　$\dot{U}_W = 220 \underline{/\,120°}\ \text{V}$

根据式(5-3)，各线电压为

$$\dot{U}_{UV} = \sqrt{3}\dot{U}_U \underline{/\,30°} = 380 \underline{/\,30°}\ \text{V}$$

$$\dot{U}_{VW} = \sqrt{3}\dot{U}_V \underline{/\,30°} = 380 \underline{/\,-90°}\ \text{V}$$

$$\dot{U}_{WU} = \sqrt{3}\dot{U}_W \underline{/\,30°} = 380 \underline{/\,150°}\ \text{V}$$

例 5-2 电路如图 5-9 所示，三相对称三角形负载接到三相对称电源上，负载的复阻抗 $Z = 20 \angle 53.1° \, \Omega$，线电压 $U_1 = 380\text{V}$，试求相电流，线电流。

解： 三角形联结时，相电压就是线电压。

设
$$\dot{U}_{UV} = 380 \angle 0° \text{ V}$$

则
$$\dot{U}_{VW} = 380 \angle -120° \text{ V}$$

$$\dot{U}_{WU} = 380 \angle 120° \text{ V}$$

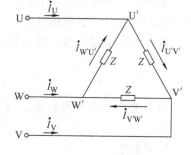

图 5-9 例 5-2 图

负载上的相电流分别为

$$\dot{I}_{U'V'} = \frac{\dot{U}_{UV}}{Z} = \frac{380 \angle 0°}{20 \angle 53.1°}\text{A} = 19 \angle -53.1° \text{ A}$$

$$\dot{I}_{V'W'} = \frac{\dot{U}_{VW}}{Z} = \frac{380 \angle -120°}{20 \angle 53.1°}\text{A} = 19 \angle -173.1° \text{ A}$$

$$\dot{I}_{W'U'} = \frac{\dot{U}_{WU}}{Z} = \frac{380 \angle 120°}{20 \angle 53.1°}\text{A} = 19 \angle 66.9° \text{ A}$$

可见，三相电流是对称的。

线电流分别为

$$\dot{I}_U = \dot{I}_{U'V'} - \dot{I}_{W'U'} = 19 \angle -53.1° \text{A} - 19 \angle 66.9° \text{A} = 32.9 \angle -83.1° \text{ A}$$

$$\dot{I}_V = \dot{I}_{V'W'} - \dot{I}_{U'V'} = 19 \angle -173.1° \text{A} - 19 \angle -53.1° \text{A} = 32.9 \angle 156.9° \text{ A}$$

$$\dot{I}_W = \dot{I}_{W'U'} - \dot{I}_{V'W'} = 19 \angle 66.9° \text{A} - 19 \angle 173.1° \text{A} = 32.9 \angle 36.9° \text{ A}$$

上述结果表明：三角形负载的线电流是相电流的 $\sqrt{3}$ 倍，且滞后对应的相电流 30°，这与三角形电源导出的关系一致。

5.3 三相对称电路的计算

1. 三相对称电路的计算

由三相对称电源和三相对称负载组成的电路称为三相对称电路。三相星形电源和三相星形负载组成的电路若有中性线，就称为三相四线制电路，其余各种连接均为三相三线制电路。

在三相四线制电路中，线电流的参考方向是由电源端流向负载端，而中性线电流的参考方向规定为负载端流向电源端，如图 5-10 所示。根据基尔霍夫电流定律可得

$$\dot{I}_N = \dot{I}_U + \dot{I}_V + \dot{I}_W$$

在三相对称电路中，线电流、相电流、线电压和相电压都是对称的。因此三个线电流的相量和等于零，即中性线

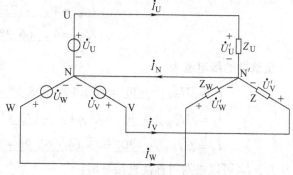

图 5-10 三相四线制电路

电流为零。中性线电流为零说明 N 点与 N′ 点电位相等，此时有无中性线对电路没有任何影响。若不考虑输电线阻抗，负载上的相电压就是对应的电源相电压，因此只需计算一相的电流、电压即可根据对称性推出其余两相的电流、电压，这就是三相对称电路计算的特点。

例 5-3　一组三相对称星形负载，复阻抗 $Z = (34.6 + j20)\Omega$ 接于线电压 $U_1 = 380V$ 的三相对称电源上，试求各相电流。

解：由于电路对称，只需要计算其中一相即可推出其余两相。

$$U_P = \frac{U_1}{\sqrt{3}} = \frac{380}{\sqrt{3}}V = 220V$$

设 U 相电压为参考相量，则

$$\dot{U}'_U = 220 \angle 0° \text{ V}$$

U 相电流

$$\dot{I}_U = \frac{\dot{U}'_U}{Z} = \frac{220 \angle 0°}{34.6 + j20}A = \frac{220 \angle 0°}{40 \angle 30°}A = 5.5 \angle -30° \text{ A}$$

其余两相电流为

$$\dot{I}_V = 5.5 \angle -150° \text{ A}$$

$$\dot{I}_W = 5.5 \angle 90° \text{ A}$$

例 5-4　如图 5-11 所示为对称 Y-△ 联结电路，已知电源电压 $U_P = 220V$，负载阻抗 $Z = (57 + j76)\Omega$，输电线阻抗 $Z_1 = 0$。求负载的相电流及线电流。

解：由于不考虑输电线阻抗，所以电源端的线电压等于负载端的线电压。

设 $\dot{U}_{UV}$ 为参考相量，则线电压为

$$\dot{U}_{UV} = \sqrt{3}U_P \angle 0° = 380 \angle 0° \text{ V}$$

$$\dot{U}_{VW} = 380 \angle -120° \text{ V}$$

$$\dot{U}_{WU} = 380 \angle 120° \text{ V}$$

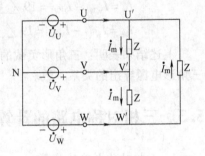

图 5-11　例 5-4 图

负载上的相电流为

$$\dot{I}_{U'V'} = \frac{\dot{U}_{UV}}{Z} = \frac{380 \angle 0°}{57 + j76}A = 4 \angle -53.1° \text{ A}$$

由对称性，得

$$\dot{I}_{V'W'} = 4 \angle -173.1° \text{ A}$$

$$\dot{I}_{W'U'} = 4 \angle 66.9° \text{ A}$$

负载端的线电流为

$$\dot{I}_U = \sqrt{3}\dot{I}_{U'V'}\angle -30° = \sqrt{3} \times 4 \angle -53.1° -30° \text{ A} = 6.93 \angle -83.1° \text{ A}$$

$$\dot{I}_V = \sqrt{3}\dot{I}_{V'W'}\angle -30° = \sqrt{3} \times 4 \angle -173.1° -30° \text{ A} = 6.93 \angle 156.9° \text{ A}$$

$$\dot{I}_W = \sqrt{3}\dot{I}_{W'U'}\angle -30° = \sqrt{3} \times 4 \angle 66.9° -30° \text{ A} = 6.93 \angle 36.9° \text{ A}$$

$\dot{I}_V$，$\dot{I}_W$ 可以根据对称性直接写出。

2. 中性线的作用

在三相电路中，只要有一部分不对称就称为三相不对称电路。一般情况下，三相电源认

为总是对称的，输电线阻抗也是对称的。不对称主要是因为负载的不对称，使三相电路失去对称的特点。在照明电路中，常把单相设备组合成三相负载。如某栋大楼的单相用电设备分组分别接在 U、V、W 三相上，虽然设计时尽量使它们均衡，但使用中仍然无法平衡，这就造成负载的不对称。尤其是电路发生故障时，负载的不对称程度就更加严重。

例 5-5　如图 5-12 所示为三相四线制照明电路，负载为纯电阻，其中 $R_U = 100\Omega$，$R_V = 140\Omega$，$R_W = 60\Omega$，负载的额定电压均为 220V，电源的相电压为 220V。试求（1）各相负载和中性线上的电流；（2）U 相负载断开后 V、W 相负载的电流和中性线的电流；（3）U 相负载断开，且中性线也同时断开，求 V、W 相负载的电压。

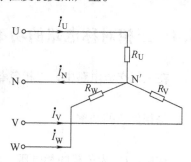

图 5-12　例 5-5 图

解： 这是一个三相不对称电路，由于采用三相四线制，且忽略输电线阻抗，所以每相电源电压直接加在对应负载两端。因此，三相负载的相电压仍然对称。

（1）各相负载电流。设 $\dot{U}_U = 220 \underline{/0°}$ V，则

$$\dot{I}_U = \frac{\dot{U}_U}{R_U} = \frac{220 \underline{/0°}}{100}A = 2.2 \underline{/0°} A$$

$$\dot{I}_V = \frac{\dot{U}_V}{R_V} = \frac{220 \underline{/-120°}}{140}A = 1.57 \underline{/-120°} A$$

$$\dot{I}_W = \frac{\dot{U}_W}{R_W} = \frac{220 \underline{/120°}}{60}A = 3.67 \underline{/120°} A$$

由 KCL 得中性线电流

$$\dot{I}_N = \dot{I}_U + \dot{I}_V + \dot{I}_W = 2.2 \underline{/0°} A + 1.57 \underline{/-120°} A + 3.67 \underline{/120°} A = 1.87 \underline{/103°} A$$

（2）U 相负载断开后，$\dot{I}_U = 0$。由于中性线的存在，V 相负载和 W 相负载的电压不变。因此，$\dot{I}_V$，$\dot{I}_W$ 不变，中性线电流变为

$$\dot{I}_N = \dot{I}_V + \dot{I}_W = 1.57 \underline{/-120°} A + 3.67 \underline{/120°} A = 3.19 \underline{/145.2°} A$$

中性线电流上升，说明负载的不对称程度越大，中性线电流就越大。反之，负载越接近对称，中性线电流就越接近于零。

（3）U 相负载断开且无中性线。此时电路已变成单回路电路，V 相和 W 相负载串联接于线电压 $U_{VW} = 380V$ 上，两相负载的电流相同。

$$I_V = I_W = \frac{U_{VW}}{R_V + R_W} = \frac{380}{140 + 60}A = 1.9A$$

V 相负载上的电压为

$$U'_V = R_V I_V = 140 \times 1.9V = 266V$$

W 相负载上的电压为

$$U'_W = R_W I_W = 60 \times 1.9V = 114V$$

由以上分析计算，可以得出：

① 在三相四线制电路中，即使负载不对称，负载上的相电压也是对称的。这就是低压供电系统采用三相四线制的原因。

② 负载不对称而又无中性线时，负载上的电压不再对称，负载电压不对称，导致有的

相电压过高，有的相电压过低，都不符合负载额定电压的要求，这是不允许的。

③ 中性线的作用就是使不对称星形负载的相电压对称。为了确保负载正常工作，中性线就不能断开。因此，中性线上不允许装熔断器或开关，必要时还须用机械强度较高的导线做中性线。

5.4　三相对称电路的功率

在三相交流电路中，三相负载消耗的总功率就等于各相负载消耗的功率之和，即

$$P = P_U + P_V + P_W$$

每相负载的功率

$$P_P = U_P I_P \cos\varphi$$

式中，U_P 为负载的相电压，I_P 为负载的相电流，φ 为同一相负载中相电压超前相电流的相位差，也即负载的阻抗角。在三相对称电路中，各相负载的功率相同，三相负载的总功率为

$$P = 3U_P I_P \cos\varphi \tag{5-7}$$

当三相对称负载做星形联结时，有

$$U_l = \sqrt{3}U_P$$

$$I_l = I_P$$

当三相对称负载是三角形联结时，有

$$U_l = U_P$$

$$I_l = \sqrt{3}I_P$$

将两种连接方式的 U_P、I_P 代入式(3-2)，可得到同样的结果，即

$$P = \sqrt{3}U_l I_l \cos\varphi \tag{5-8}$$

因此，不论负载是星形联结还是三角形联结，三相对称负载消耗的功率都可以用上式计算。需要注意的是，式中 φ 仍是负载相电压超前相电流的相位差角，而不是线电压和线电流之间的相位差。

同理，三相对称电路的无功功率为

$$Q = 3U_P I_P \sin\varphi = \sqrt{3}U_l I_l \sin\varphi \tag{5-9}$$

三相对称电路的视在功率为

$$S = \sqrt{P^2 + Q^2} = 3U_P I_P = \sqrt{3}U_l I_l \tag{5-10}$$

三相电动机铭牌上标明的功率都是三相总功率。

例 5-6　一组对称三角形负载，每相阻抗 $Z = 109 \underline{/53.13°}\ \Omega$，现接在三相对称电源上，测得相电压为 380V，相电流为 3.5A，试求此三角形负载的功率。

解：由式(5-7)可求得三相负载的功率为

$$P = 3U_P I_P \cos\varphi = 3 \times 380 \times 3.5 \times \cos53.13°\ \mathrm{W} = 2394\ \mathrm{W}$$

又因为负载为三角形联结，则

$$U_l = U_P = 380\mathrm{V}$$

$$I_l = \sqrt{3}I_P = \sqrt{3} \times 3.5\mathrm{A} = 6.06\mathrm{A}$$

三相负载的功率，由式(5-8)可得

$$P = 3U_1 I_1 \cos\varphi = \sqrt{3} \times 380 \times 6.06 \times \cos 53.13° \text{W} = 2394 \text{W}$$

两种方法计算的结果相同。

例5-7 一个4kW的三相感应电动机，绕组为星形联结，接在线电压为 $U_1 = 380\text{V}$ 的三相电源上，功率因数 $\cos\varphi = 0.85$，试求负载的相电压及相电流。

解： 星形联结，线电流等于相电流，根据公式(5-8)，相电流为

$$I_P = I_1 = \frac{P}{\sqrt{3}U_1\cos\varphi} = \frac{4 \times 10^3}{\sqrt{3} \times 380 \times 0.85}\text{A} = 7.15\text{A}$$

相电压

$$U_P = \frac{U_1}{\sqrt{3}} = \frac{380}{\sqrt{3}}\text{V} = 220\text{V}$$

本 章 小 结

1. 三相对称电压

$$u_U = U_m \sin\omega t$$
$$u_V = U_m \sin(\omega t - 120°)$$
$$u_W = U_m \sin(\omega t + 120°)$$

其相序为正序。

2. 三相对称电路线值与相值的关系

（1）星形联结（电源或负载） 线电压是相电压的 $\sqrt{3}$ 倍，并且超前对应的相电压30°。线电流就是相电流。

（2）三角形联结（电源或负载） 线电流是相电流的 $\sqrt{3}$ 倍，并且滞后对应的相电流30°。线电压就是相电压。

3. 三相对称电路的计算

在三相对称电路中，线电压、相电压、线电流和相电流都对称，统称为三相对称正弦量。它们的瞬时值之和，相量之和都等于零。

根据对称性，只要计算出一相的电压、电流就可以推算出其他两相的电压和电流。

$$\dot{I}_P = \frac{\dot{U}_P}{Z}$$

4. 中性线的作用

在对称三相四线制中，中性线电流为零，可省去中性线，中性线没有作用。

在不对称三相四线制中，中性线的作用就是保证不对称负载上的相电压对称，使负载正常工作。

5. 三相对称电路的功率

有功功率

$$P = 3U_P I_P \cos\varphi = \sqrt{3}U_1 I_1 \cos\varphi$$

无功功率

$$Q = 3U_P I_P \sin\varphi = \sqrt{3}U_1 I_1 \sin\varphi$$

视在功率

$$S = 3U_\mathrm{P}I_\mathrm{P} = \sqrt{3}U_\mathrm{l}I_\mathrm{l} = \sqrt{P^2 + Q^2}$$

思考题与习题

5-1 对称星形联结的三相电源，已知 $\dot{U}_\mathrm{W} = 220 \underline{/90°}$ V，求 $\dot{U}_\mathrm{U}$、$\dot{U}_\mathrm{V}$ 和 $\dot{U}_\mathrm{UV}$、$\dot{U}_\mathrm{VW}$、$\dot{U}_\mathrm{WU}$。

5-2 一组对称电流中的 $\dot{I}_\mathrm{U} = 10 \underline{/-30°}$ A，求 $\dot{I}_\mathrm{V}$、$\dot{I}_\mathrm{W}$ 及 $\dot{I}_\mathrm{U} + \dot{I}_\mathrm{V} + \dot{I}_\mathrm{W}$。

5-3 星形联结的三相对称电源的线电压为380V，试求电源的相电压。如果把电源连接成三角形，那么线电压是多少？

5-4 三角形联结的三相电源中，相电流对称且 $\dot{I}_\mathrm{WV} = 10 \underline{/-120°}$ A，求 $\dot{I}_\mathrm{VU}$、$\dot{I}_\mathrm{UW}$ 及 $\dot{I}_\mathrm{U}$、$\dot{I}_\mathrm{V}$、$\dot{I}_\mathrm{W}$。

5-5 在三相四线制电路中，电源线电压 $\dot{U}_\mathrm{UV} = 380 \underline{/30°}$ V，三相负载均为 $Z = 40 \underline{/60°}$ Ω，求各相电流，并画出相量图。

5-6 线电压为380V的三相四线制电路中，对称星形联结的负载，每相复阻抗 $Z = (60 + j80)$ Ω，试求负载的相电流和中性线电流。

5-7 对称三角形负载，每相复阻抗 $Z = (100 + j173.2)$ Ω，接到线电压为380V的三相电源上，试求相电流、线电流。

5-8 在三相对称电路中，线电压 $U_\mathrm{l} = 380$ V，负载阻抗 $Z = (50 + j86.6)$ Ω。试求(1)当负载作星形联结时，相电流及线电流为多大？(2)当负载作三角形联结时，相电流及线电流又为多大？

5-9 在三相四线制电路中，已知线电压 $U_\mathrm{l} = 380$ V，星形负载分别为 $R_\mathrm{U} = 10$ Ω，$R_\mathrm{V} = 20$ Ω，$R_\mathrm{W} = 40$ Ω，试求各相电流及中性线电流。

5-10 在题5-9中，若 U 相负载断开，求 V、W 相负载的相电流及中性线电流。

5-11 在题5-9中，若 U 相负载断开的同时，中性线也断开，求 V、W 相负载的相电压及相电流。

5-12 如图5-13所示，星形联结的对称负载接在三相对称电源上，线电压 $U_\mathrm{l} = 380$ V，每相负载 $Z = 50 \underline{/60°}$ Ω，若 U 相负载断开，求 V、W 相的电流和电压。

5-13 在低压供电系统中为什么采用三相四线制？中性线上为什么不准装熔断器或开关。

5-14 三相电动机接在线电压为380V的三相电源上运行，测得线电流为12.6A，功率因数为0.83，求电动机的功率。

5-15 在三相对称电路中，有一星形负载，已知线电流 $\dot{I}_\mathrm{U} = 6 \underline{/15°}$ A，线电压 $\dot{U}_\mathrm{UV} = 380 \underline{/75°}$ V，求此负载的功率因数及功率。

5-16 在三相四线制照明电路中，有一不对称负载，U 相接 20 盏灯，V 相接 30 盏灯，W 相接 40 盏灯，灯泡的额定电压均为220V，功率均为60W。现灯泡正常发光，问电源提供的功率是多少。

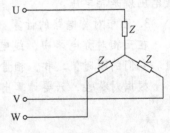

图5-13 题5-12图

第6章

非正弦周期信号电路

学习目标

本章主要介绍非正弦周期信号作用于线性电路的分析方法，其思路是把直流电路及正弦交流电路的分析方法应用到非正弦周期交流电路中。分析这些电路的方法是：利用傅里叶级数将非正弦周期量分解为一系列不同频率的正弦量之和，然后按照直流电路和正弦交流电路的计算方法，分别计算在直流和单个正弦信号作用下的电路响应，再根据线性电路叠加原理将所得结果相加，这种方法称为谐波分析法。

6.1 非正弦周期信号及波形

在正弦交流电路中，电压和电流都是同频率按正弦规律变化的周期量，除此之外，在工程中还会遇到许多不按正弦规律变化的非正弦周期电压和电流。电路中出现非正弦周期电压、电流的原因通常有以下几个方面。

1. 电源电压是非正弦周期电压

在一个线性电路中，如果电源电压本身就是一个非正弦周期电压，那么这个电源在电路中所产生的电流也将是非正弦周期电流。例如示波器中的锯齿波，电信工程、计算机中传输的各种信号等大多也是按非正弦规律而周期性变化的，常见的有方波、三角波、锯齿波和脉冲波等，如图 6-1 所示。这些波形有两个共同特点，其一它们都是周期波，其二它们的变化规律都是非正弦的，因此它们都是非正弦的周期信号。非正弦信号可分为周期和非周期两种，本章仅讨论非正弦周期信号作用于线性电路的分析与计算。

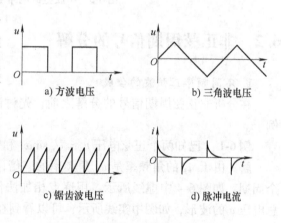

图 6-1　几种常见的非正弦波

2. 电路中具有几个频率不同的正弦电压源

频率不同的正弦电压源作用于同一电路时，也产生非正弦的周期电压和电流。例如，将一个直流电源（其频率为零）和一个角频率为 ω 的正弦电压源串联起来，如图 6-2a 所示，那么从 a、b 两端得到的总电压 $u = U_0 + U_m\sin\omega t$ 也是一个非正弦周期波，其波形如图 6-2b 所示。如果把这样的电源作用于线性电路，则电路中将会出现非正弦周期电流。

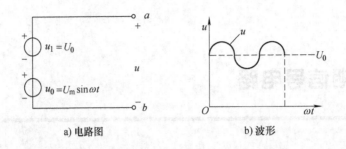

a) 电路图　　　　　　b) 波形

图 6-2　频率不同的正弦电压源作用的电路

3. 电路中存在非线性元件

当电路中存在非线性元件(非线性的电阻、电感、电容等)时，即使电源电压是正弦波，电路中的电流也将是非正弦周期电流。如图 6-3 所示的二极管半波整流电路，虽然电源电压 u 是正弦波，由于二极管 VD 具有单向导电性，在电源电压正半周时二极管导通，负半周时二极管截止，使得电流在正半周通过，得到如图 6-3c 所示的波形。

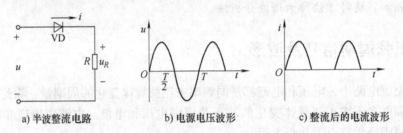

a) 半波整流电路　　　　　b) 电源电压波形　　　　　c) 整流后的电流波形

图 6-3　半波整流电路中的电压、电流波形

6.2　非正弦周期信号的分解

1. 不同频率正弦波的合成

在分析非正弦周期信号的分解之前，先讨论几个不同频率的正弦波的合成。先看一个例子。

例 6-1　已知两个正弦电压 $u_1 = U_m \sin\omega t$ 和 $u_3 = U_{m3} \sin3\omega t$，试作出 $u = u_1 + u_3$ 的波形。

解：由于 u_3 的角频率是 u_1 角频率的三倍，所以在 u_1 经历一个周期时，u_3 则经历了三个周期，如图 6-4 中虚线所示。用逐点相加法作图可以得到总电压 u 的波形，如图中实线所示，可以看到在 u_1 出现峰值时，u_3 出现负峰值，因而其顶部较平坦，是一个平顶状的非正弦周期波，故称为平顶波。

由此可以看出，几个频率不同的正弦波可以合成为一个非正弦的周期波。

2. 非正弦周期波的分解

综上所述，几个频率不同的正弦波之和是一个非正弦周期波，那么反过来，一个非正弦周期波可以分解成几个不同频率的正弦波之和。高等数学中已经介绍了非正弦周期函数

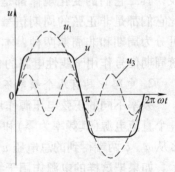

图 6-4　例 6-1 图

分解成傅里叶级数的方法。

由数学知识可知，如果一个函数是周期性的，且满足狄里赫利条件，那么它可以展开成一个收敛级数，即傅里叶级数。电工技术中所遇到的周期函数 $f(t)$ 一般都能满足这个条件，因而可以分解为下列的傅里叶级数。

$$f(t) = A_0 + (A_1\cos\omega t + B_1\sin\omega t) + (A_2\cos 2\omega t + B_2\sin 2\omega t) + \cdots + (A_k\cos k\omega t + B_k\sin k\omega t) + \cdots$$

即
$$f(t) = A_0 + \sum_{k=1}^{\infty} (A_k\cos k\omega t + B_k\sin k\omega t) \tag{6-1}$$

式中，$\omega = 2\pi/T$，T 为 $f(t)$ 的周期，k 为正整数。上式中的 A_0、A_k 及 B_k 称为傅里叶系数，可由下列公式来确定：

$$A_0 = \frac{1}{T}\int_0^T f(t)\,\mathrm{d}t = \frac{1}{2\pi}\int_0^{2\pi} f(\omega t)\,\mathrm{d}(\omega t)$$

$$A_k = \frac{2}{T}\int_0^T f(t)\cos k\omega t\,\mathrm{d}t = \frac{1}{\pi}\int_0^{2\pi} f(\omega t)\cos k\omega t\,\mathrm{d}(\omega t)$$

$$B_k = \frac{2}{T}\int_0^T f(t)\sin k\omega t\,\mathrm{d}t = \frac{1}{\pi}\int_0^{2\pi} f(\omega t)\sin k\omega t\,\mathrm{d}(\omega t)$$

利用三角函数公式，将式(6-1)中的同频率正弦项与余弦项合并，则傅里叶级数还可以写成另一种形式。

$$f(t) = C_0 + \sum_{k=1}^{\infty} C_k\sin(k\omega t + \varphi_k) \tag{6-2}$$

式中，
$$\begin{cases} C_0 = A_0 \\ C_k = \sqrt{A_k^2 + B_k^2} \\ \varphi_k = \arctan\dfrac{A_k}{B_k} \end{cases} \tag{6-3}$$

式(6-3)给出了各次谐波的振幅和初相位，因而在电工技术中使用更为方便。其中的第一项 C_0 是非正弦周期函数在一周期内的平均值，这是一个常数，因而称为周期函数 $f(t)$ 的恒定分量（或直流分量），也称为零次谐波。第二项 $C_1\sin(\omega t + \varphi_1)$ 称为基波分量或一次谐波，其周期和频率与原函数 $f(t)$ 相同。其余各项的频率是周期函数频率的整数倍，称为高次谐波。由于高次谐波的频率是原函数频率的整数倍而分别称为二次谐波、三次谐波、…、k 次谐波。有时还把 k 为奇数的各次谐波统称为奇次谐波，k 为偶数的各次谐波统称为偶次谐波。

下面用具体的例子来说明周期函数展开为傅里叶函数的过程。

例 6-2　给定一个周期信号 $u(t)$，其波形如图 6-5 所示，它是一个矩形周期电压。求此信号 $u(t)$ 的傅里叶级数。

解：图示矩形周期电压 $u(t)$ 在一个周期内的表达式为

$$u(t) = U_\mathrm{m} \quad 0 \leqslant t \leqslant T/2$$

$$u(t) = -U_\mathrm{m} \quad T/2 \leqslant t \leqslant T$$

由式(6-1)可知，只要计算出傅里叶系数 A_0、A_k、B_k，就可以写出周期函数的傅里叶级数，即

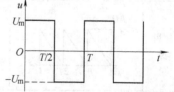

图 6-5　例 6-2 图

$$A_0 = \frac{1}{T}\int_0^T u(t)\,\mathrm{d}t = \frac{1}{T}\int_0^{\frac{T}{2}} U_{\mathrm{m}}\mathrm{d}t + \frac{1}{T}\int_{\frac{T}{2}}^T (-U_{\mathrm{m}})\,\mathrm{d}t = 0$$

$A_0 = 0$ 表示恒定分量为零，这个结论可以直接从观察波形得出。因为 A_0 代表 $u(t)$ 在一个周期内波形上下面积的代数平均值，因此当波形上下面积相等时，即 A_0 为零。

$$A_k = \frac{2}{T}\int_0^T u(t)\cos k\omega t\,\mathrm{d}t = \frac{2}{T}\int_0^{\frac{T}{2}} U_{\mathrm{m}}\cos k\omega t\,\mathrm{d}t + \frac{2}{T}\int_{\frac{T}{2}}^T (-U_{\mathrm{m}})\cos k\omega t\,\mathrm{d}t = 0$$

$$B_k = \frac{2}{T}\int_0^T u(t)\sin k\omega t\,\mathrm{d}t = \frac{2}{T}\int_0^{\frac{T}{2}} U_{\mathrm{m}}\sin k\omega t\,\mathrm{d}t + \frac{2}{T}\int_{\frac{T}{2}}^T (-U_{\mathrm{m}})\sin k\omega t\,\mathrm{d}t = \frac{2U_{\mathrm{m}}}{k\pi}(1 - \cos k\pi)$$

当 k 为奇数时，$\cos k\pi = -1$，$B_k = \dfrac{4U_{\mathrm{m}}}{k\pi}$。

当 k 为偶数时，$\cos k\pi = 1$，$B_k = 0$。

由此可得图 6-5 所示的矩形周期电压 $u(t)$ 的傅里叶级数为

$$u(t) = \frac{4U_{\mathrm{m}}}{\pi}\left(\sin\omega t + \frac{1}{3}\sin 3\omega t + \frac{1}{5}\sin 5\omega t + \cdots + \frac{1}{k}\sin k\omega t + \cdots\right) \quad (k\text{ 为奇数})$$

由上式可以看出，矩形周期电压的傅里叶级数不含直流分量、余弦分量和正弦分量的偶次谐波项，只含正弦分量的奇次谐波。

注意，方波中各谐波振幅按 $1/k$ 衰减，属收敛级数。

最后指出：函数分解为傅里叶级数后，理论上必须用无穷多项来代表原函数，而在实际运算中只能取有限项。如果级数收敛很快，只取前几项就足够了，如果级数收敛很慢，则视精确度要求而定。

几种典型周期函数的傅里叶级数如表 6-1 所示。

表 6-1　常见的几种周期信号的傅里叶级数

名称	函数的波形	傅里叶级数	有效值	整流平均值
半波整流波		$f(t) = \dfrac{2}{\pi}A_{\mathrm{m}}\left(\dfrac{1}{2} + \dfrac{\pi}{4}\cos\omega t + \dfrac{1}{1\times 3}\cos 2\omega t \right.$ $\left. - \dfrac{1}{3\times 5}\cos 4\omega t + \dfrac{1}{5\times 7}\cos 6\omega t - \cdots\right)$	$\dfrac{A_{\mathrm{m}}}{2}$	$\dfrac{A_{\mathrm{m}}}{\pi}$
全波整流波		$f(t) = \dfrac{4}{\pi}A_{\mathrm{m}}\left(\dfrac{1}{2} + \dfrac{1}{1\times 3}\cos 2\omega t \right.$ $\left. - \dfrac{1}{3\times 5}\cos 4\omega t + \dfrac{1}{5\times 7}\cos 6\omega t - \cdots\right)$	$\dfrac{A_{\mathrm{m}}}{\sqrt{2}}$	$\dfrac{2A_{\mathrm{m}}}{\pi}$
锯齿波		$f(t) = A_{\mathrm{m}}\left[\dfrac{1}{2} - \dfrac{1}{\pi}\left(\begin{array}{l}\sin\omega t + \dfrac{1}{2}\sin 2\omega t + \\ \dfrac{1}{3}\sin 3\omega t + \cdots\end{array}\right)\right]$	$\dfrac{A_{\mathrm{m}}}{\sqrt{3}}$	$\dfrac{A_{\mathrm{m}}}{2}$

（续）

名称	函数的波形	傅里叶级数	有效值	整流平均值
梯形波		$f(t) = \dfrac{4A_m}{\omega t_0 \pi}\left(\begin{array}{l} \sin\omega t_0 \sin\omega t + \dfrac{1}{9}\sin3\omega t_0 \sin3\omega t \\[4pt] + \dfrac{1}{25}\sin5\omega t_0 \sin5\omega t + \cdots \\[4pt] + \dfrac{1}{k^2}\cdot \sin k\omega t_0 \sin k\omega t + \cdots \end{array} \right)$ （k 为奇数）	$A_m\sqrt{1 - \dfrac{4\omega t_0}{3\pi}}$	$A_m\left(1 - \dfrac{\omega t_0}{\pi}\right)$
三角波		$f(t) = \dfrac{8A_m}{\pi^2}\left(\begin{array}{l} \sin\omega t - \dfrac{1}{9}\sin3\omega t + \dfrac{1}{25}\sin5\omega t - \cdots \\[4pt] + \dfrac{(-1)^{\frac{k-1}{2}}}{k^2}\sin k\omega t + \cdots \end{array} \right)$ （k 为奇数）	$\dfrac{A_m}{\sqrt{3}}$	$\dfrac{A_m}{2}$

6.3 非正弦周期信号的有效值、平均值和平均功率

1. 有效值

前面已经提到，任何周期电流 i 的有效值 I，就是瞬时值的平方在一个周期内平均后的平方根，即方均根。因此可知，非正弦周期电流的有效值为

$$I = \sqrt{\frac{1}{T}\int_0^T i^2 \mathrm{d}t} \tag{6-4}$$

假设一个非正弦周期电流 i 可以分解为傅里叶级数

$$i = I_0 + \sum_{k=1}^{\infty} I_{mk}\sin(k\omega t + \varphi_k)$$

把 i 代入式(6-4)得

$$I = \sqrt{\frac{1}{T}\int_0^T \left[I_0 + \sum_{k=1}^{\infty} I_{mk}\sin(k\omega t + \varphi_k)\right]^2 \mathrm{d}t}$$

将上式积分号内的直流分量与各次谐波之和的平方展开，结果可归纳为以下四种类型。

① $\dfrac{1}{T}\displaystyle\int_0^T I_0^2 \mathrm{d}t = I_0^2$

② $\dfrac{1}{T}\displaystyle\int_0^T I_{mk}^2\sin^2(k\omega t + \varphi_k)\,\mathrm{d}t = \left(\dfrac{I_{mk}}{\sqrt{2}}\right)^2 = I_k^2$

③ $\dfrac{1}{T}\displaystyle\int_0^T 2I_0 I_{mk}\sin(k\omega t + \varphi_k)\,\mathrm{d}t = 0$

④ $\dfrac{1}{T}\displaystyle\int_0^T 2I_{mk}\sin(k\omega t + \varphi_k)I_{mq}\sin(q\omega t + \varphi_q)\,\mathrm{d}t = 0 \quad (k \neq q)$

因此，非正弦周期电流 i 的有效值可按下式计算

$$I = \sqrt{I_0^2 + I_1^2 + I_2^2 + \cdots + I_k^2 + \cdots} \tag{6-5}$$

式中，I_1、I_2、I_3 等分别为基波、二次谐波、三次谐波等的有效值。

同理，非正弦周期电压的有效值为

$$U = \sqrt{U_0^2 + U_1^2 + U_2^2 + \cdots + U_k^2 + \cdots} \tag{6-6}$$

可见，非正弦周期电流、电压的有效值等于各次谐波有效值平方和的平方根。由于各次谐波均为正弦量，所以各次谐波有效值与最大值之间的关系为

$$I_k = \frac{I_{mk}}{\sqrt{2}} \quad U_k = \frac{U_{mk}}{\sqrt{2}}$$

例 6-3 已知非正弦周期电流

$$i = I_0 + i_1 + i_3 = \left[50 + 282\sin\omega t + 141\sin(3\omega t + 45°) \right] \text{A}$$

试求其有效值。

解：因为直流分量 $I_0 = 50\text{A}$

基波 i_1 的有效值 $I_1 = \frac{282}{\sqrt{2}}\text{A} = 200\text{A}$

三次谐波 i_3 的有效值 $I_3 = \frac{141}{\sqrt{2}}\text{A} = 100\text{A}$

所以 $I = \sqrt{I_0^2 + I_1^2 + I_3^2} = \sqrt{50^2 + 200^2 + 100^2}\text{A} = 229\text{A}$

2. 平均值

工程中还会用到平均值的概念。以电流为例，非正弦周期电流的平均值定义为

$$I_{av} = \frac{1}{T}\int_0^T |i| \, dt \tag{6-7}$$

即非正弦周期电流在一周期内绝对值的平均值称为该电流的平均值。按上式可求正弦量的平均值。

例 6-4 计算正弦电流 $i = I_m\sin\omega t$ 的平均值。

解：正弦电流的平均值为

$$I_{av} = \frac{1}{T}\int_0^T |i| \, dt = \frac{1}{T}\int_0^T |I_m\sin\omega t| \, dt = \frac{2}{T}\int_0^{\frac{T}{2}} I_m\sin\omega t \, dt = \frac{2I_m}{\pi} = 0.637 I_m$$

同理，电压平均值的表达式为

$$U_{av} = \frac{1}{T}\int_0^T |u| \, dt$$

例 6-5 计算正弦电压 $u = U_m\sin\omega t$ 的平均值。

解：正弦电压的平均值为

$$U_{av} = \frac{1}{T}\int_0^T |u| \, dt = \frac{1}{T}\int_0^T |U_m\sin\omega t| \, dt = \frac{2}{T}\int_0^{\frac{T}{2}} U_m\sin\omega t \, dt = \frac{2U_m}{\pi} = 0.637 U_m$$

注意，非正弦周期信号的直流分量、有效值及平均值是三个不同的概念，应加以区分。在对非正弦电压或电流进行测量时，选用不同类型的仪表，就会测得不同的结果。

用磁电式仪表(直流仪表)可以测量直流分量，这是因为磁电式仪表的偏转角正比于 $\frac{1}{T}\int_0^T i \, dt$。

用电磁式或电动式仪表测量所得的结果是电流的有效值，因为这两种仪表的偏转角正比于 $\frac{1}{T}\int_0^T i^2 \, dt$。

用全波整流磁电式仪表测量所得的结果是电流的平均值，因为这种仪表的偏转角正比于电流的平均值。

3. 平均功率

非正弦周期信号电路中的平均功率仍是按瞬时功率的平均值来定义的。设有一个无源二端网络，在非正弦周期电压 u 的作用下产生非正弦周期电流 i，若选择电压和电流的方向一致（如图 6-6 所示），则二端网络吸收的瞬时功率和平均功率为

$$p = ui$$

$$P = \frac{1}{T}\int_0^T p\mathrm{d}t = \frac{1}{T}\int_0^T ui\mathrm{d}t$$

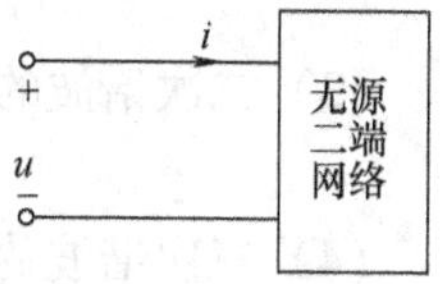

设非正弦周期电压、电流分别为

$$u = U_0 + \sum_{k=1}^{\infty} U_{mk}\sin(k\omega t + \varphi_{uk})$$

$$i = I_0 + \sum_{k=1}^{\infty} I_{mk}\sin(k\omega t + \varphi_{ik})$$

图 6-6 求平均功率图

则二端网络吸收的平均功率为

$$P = \frac{1}{T}\int_0^T \left[U_0 + \sum_{k=1}^{\infty} U_{mk}\sin(k\omega t + \varphi_{uk}) \right]\left[I_0 + \sum_{k=1}^{\infty} I_{mk}\sin(k\omega t + \varphi_{ik}) \right]\mathrm{d}t$$

将上式积分号内两个积数的乘积展开，分别计算各乘积项在一个周期内的平均值，可得出以下五种类型项：

① $\dfrac{1}{T}\int_0^T U_0 I_0 \mathrm{d}t = U_0 I_0$

② $\dfrac{1}{T}\int_0^T U_0 I_{mk}\sin(k\omega t + \varphi_{ik})\mathrm{d}t = 0$

③ $\dfrac{1}{T}\int_0^T I_0 U_{mk}\sin(k\omega t + \varphi_{uk})\mathrm{d}t = 0$

④ $\dfrac{1}{T}\int_0^T U_{mk}\sin(k\omega t + \varphi_{uk})I_{mk}\sin(k\omega t + \varphi_{ik})\mathrm{d}t = \dfrac{1}{2}U_{mk}I_{mk}\cos(\varphi_{uk} - \varphi_{ik}) = U_k I_k \cos\varphi_k = P_k$

⑤ $\dfrac{1}{T}\int_0^T U_{mk}\sin(k\omega t + \varphi_{uk})I_{mq}\sin(q\omega t + \varphi_{iq})\mathrm{d}t = 0$ $(k \neq q)$

因此，二端网络吸收的平均功率可按下式计算

$$P = U_0 I_0 + \sum_{k=1}^{\infty} U_k I_k \cos\varphi_k = P_0 + \sum_{k=1}^{\infty} P_k = P_0 + P_1 + P_2 + \cdots + P_k + \cdots \qquad (6\text{-}8)$$

式中，$P_k = U_k I_k \cos\varphi_k$ 是 k 次谐波的平均功率。

由此可知，非正弦周期电路的平均功率等于直流分量功率和各次谐波分量功率之和。**必须注意**：只有同频率的谐波电压和电流才能构成平均功率，不同频率的谐波电压和电流不能构成平均功率。

例 6-6 某线性二端网络在关联参考方向下的电压、电流分别为

$$u = (100 + 100\sin\omega t + 50\sin2\omega t + 30\sin3\omega t)\text{V}$$

$$i = \left[10\sin(\omega t - 60°) + 2\sin(3\omega t - 135°) \right]\text{A}$$

试求该网络的平均功率。

解:（1）直流分量的功率

由于 $I_0 = 0$，所以

$$P_0 = U_0 I_0 = 0$$

（2）基波功率

$$P_1 = U_1 I_1 \cos(\varphi_{u1} - \varphi_{i1}) = \frac{100}{\sqrt{2}} \times \frac{10}{\sqrt{2}} \cos 60°\,\mathrm{W} = 250\,\mathrm{W}$$

（3）二次谐波的功率

$$P_2 = 0$$

（4）三次谐波的功率

$$P_3 = U_3 I_3 \cos(\varphi_{u3} - \varphi_{i3}) = \frac{30}{\sqrt{2}} \times \frac{2}{\sqrt{2}} \cos 135°\,\mathrm{W} = -21.2\,\mathrm{W}$$

（5）总功率为

$$P = P_0 + P_1 + P_3 = (250 - 21.2)\,\mathrm{W} = 228.8\,\mathrm{W}$$

6.4 非正弦周期信号电路的计算

把非正弦周期信号分解为直流分量和一系列谐波分量以后，非正弦线性电路就可以用直流电路、交流电路的分析与计算方法以及叠加原理来计算。其计算步骤如下：

① 把给定的非正弦周期信号分解成直流分量和各次谐波分量，并根据精度的具体要求取前几项。

② 分别计算电源的直流分量和各次谐波单独作用时在电路中产生的电压和电流。

③ 应用线性电路的叠加原理，将所得属于同一支路或元件的电压、电流的瞬时值进行叠加。

具体计算中还应注意以下几点：

① 在直流分量单独作用时，电容相当于开路，电感相当于短路。在标明参考方向以后，可以用直流电路的方法求解各电压与电流。

② 在基波作用下的正弦交流电路中，$X_{L1} = \omega L$，$X_{C1} = \dfrac{1}{\omega C}$，在标明参考方向后，用相量法求解。

③ 在 k 次谐波作用下的正弦交流电路中，$X_{Lk} = k\omega L = kX_{L1}$，$X_{Ck} = \dfrac{1}{k\omega C} = \dfrac{X_{C1}}{k}$，仍可用相量法求解。

④ 由于各次谐波的频率不同，在用叠加原理计算最终结果时，不能把相量相加，只能将它们的瞬时值相加。

例 6-7 有一 RL 串联电路，如图 6-7a 所示，已知 $R = 100\,\Omega$，$L = 1\mathrm{H}$，输入电压 $u = (50 + 63.7\sin 314t)\mathrm{V}$，试求电流 i 和输出电压 u_R。

解: 电流由直流分量 I_0 和基波 i_1 组成。

（1）计算 u 的直流分量 $U_0 = 50\mathrm{V}$ 单独作用时产生的电流 I_0。

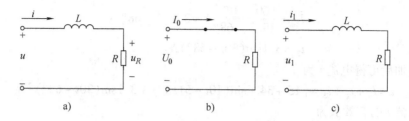

图 6-7 *RL* 串联电路

如图 6-7b 所示的直流电路中，电感相当于短路，因此

$$I_0 = \frac{U_0}{R} = \frac{50}{100}A = 0.5A$$

（2）计算 u 的交流分量 $u_1 = 63.7\sin314t$V 单独作用时产生的电流 i_1。

如图 6-7c 所示的正弦电路中，有

$$Z_1 = R + jX_L = (100 + j314)\Omega = 330 \underline{/72.3°}\ \Omega$$

$$\dot{I}_{m1} = \frac{\dot{U}_{m1}}{Z_1} = \frac{63.7 \underline{/0°}}{330 \underline{/72.3°}}A = 0.193 \underline{/-72.3°}\ A$$

$$i_1 = 0.193\sin(314t - 72.3°)\ A$$

（3）将电流的直流分量和交流分量瞬时值叠加，得

$$i = I_0 + i_1 = [0.5 + 0.193\sin(314t - 72.3°)]A$$

由欧姆定律得

$$u_R = Ri = [50 + 19.3\sin(314t - 72.3°)]V$$

值得注意的是，输入电压中基波振幅是其直流分量的 $63.7/50 = 1.27$ 倍，但输出电压的基波振幅只有其直流分量的 $19.3/50 = 38.6\%$。可见输出电压的脉动大为减小。

例 6-8　有一个 *RC* 并联电路如图 6-8 所示。$u = (45 + 180\sin10t + 60\sin30t)$V，$R = 3\Omega$，$L = 0.4$H，$C = 1000\mu$F，求电流 i 及其有效值。

解：（1）求直流分量：

$$I_0 = \frac{U_0}{R} = \frac{45}{3}A = 15A$$

（2）求基波分量：

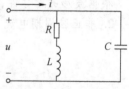

图 6-8　*RC* 并联电路

$$Z_1 = \frac{(R + j\omega L)\left(-j\dfrac{1}{\omega C}\right)}{R + j\left(\omega L - \dfrac{1}{\omega C}\right)} = \frac{(3 + j4)(-j100)}{3 + j(4 - 100)}\Omega = 5.2 \underline{/51.3°}\ \Omega$$

$$\dot{I}_{1m} = \frac{180 \underline{/0°}}{5.2 \underline{/51.3°}}A = 34.6 \underline{/-51.3°}\ A$$

$$i_1 = 34.6\sin(10t - 51.3°)\ A$$

（3）求三次谐波分量：

$$Z_3 = \frac{(R + j3\omega L)\left(-j\dfrac{1}{3\omega C}\right)}{R + j\left(3\omega L - \dfrac{1}{3\omega C}\right)} = \frac{(3 + j12)(-j33.3)}{3 + j(12 - 33.3)}\Omega = 19.2 \underline{/68°}\ \Omega$$

$$\dot{I}_{3\text{m}} = \frac{60 \underline{/\ 0°}}{19.2 \underline{/68°}} \text{A} = 3.1 \underline{/-68°} \text{ A}$$

$$i_3 = 3.1\sin(30t - 68°) \text{ A}$$

（4）叠加后可得电流 i 为

$$i = I_0 + i_1 + i_3 = [15 + 34.6\sin(10t - 51.3°) + 3.1\sin(30t - 68°)] \text{A}$$

（5）电流 i 的有效值为

$$I = \sqrt{I_0^2 + I_1^2 + I_3^2} = \sqrt{15^2 + \left(\frac{34.6}{\sqrt{2}}\right)^2 + \left(\frac{3.1}{\sqrt{2}}\right)^2} \text{A} = 28.8\text{A}$$

本 章 小 结

本章主要介绍非正弦周期信号电路的分析方法，主要结论有：

1. 非正弦周期信号可用傅里叶级数分解成一系列正弦谐波信号的和。傅里叶级数一般包含有直流分量、基波分量和高次谐波分量。它有两种表示式：

$$f(t) = A_0 + \sum_{k=1}^{\infty} (A_k\cos k\omega t + B_k\sin k\omega)$$

$$f(t) = C_0 + \sum_{k=1}^{\infty} C_k\sin(k\omega t + \varphi_k)$$

两种形式的系数之间的对应关系为

$$\begin{cases} C_0 = A_0 \\ C_k = \sqrt{A_k^2 + B_k^2} \\ \varphi_k = \arctan\dfrac{A_k}{B_k} \end{cases}$$

根据波形的对称性，可以确定它的傅里叶级数展开式中不会有哪些谐波分量。

2. 非正弦周期电流、电压的有效值为

$$I = \sqrt{I_0^2 + I_1^2 + I_2^2 + \cdots + I_k^2 + \cdots}$$

$$U = \sqrt{U_0^2 + U_1^2 + U_2^2 + \cdots + U_k^2 + \cdots}$$

非正弦周期电流、电压的平均值为

$$I_{\text{av}} = \frac{1}{T}\int_0^T |i|\,\mathrm{d}t$$

$$U_{\text{av}} = \frac{1}{T}\int_0^T |u|\,\mathrm{d}t$$

非正弦周期信号电路的平均功率为

$$P = P_0 + \sum_{k=1}^{\infty} P_k = P_0 + P_1 + P_2 + \cdots + P_k + \cdots$$

3. 非正弦周期信号电路的分析计算——谐波分析法。其分析计算的步骤如下：

① 将非正弦信号分解成傅里叶级数。

② 计算直流分量和各次谐波分量单独作用于电路时的电流和电压响应（但要注意感抗和容抗在不同谐波时的值不同）。

③ 将各次谐波的电流和电压用瞬时值表示后叠加。

思考题与习题

6-1 用逐点相加作图法，画出 $u = (10 + 3\sin\omega t)$ V 的电压波形。

6-2 偶函数的傅里叶级数中是否一定有直流分量？为什么？试举例说明。

6-3 查表写出如图 6-9 所示全波整流的傅里叶级数。

6-4 判断如图 6-10 所示各波形哪些含有直流分量？哪些含有余弦项？

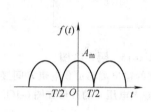

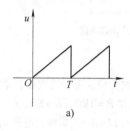

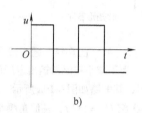

a)   b)

图 6-9 题 6-3 图   图 6-10 题 6-4 图

6-5 已知方波电流的 $I_m = 10mA$，试根据例 6-2 计算其基波和各次谐波的振幅 I_{m1}、I_{m3} 和 I_{m5}（至 5 次谐波）。

6-6 已知全波整流电流波形的 $I_m = 10A$，试查表写出其傅里叶级数的展开式（至三次谐波）。

6-7 一滤波电路如图 6-11 所示，$R = 1000\Omega$，$L = 10H$，$C = 30\mu F$，外加电压为 $u = (160 + 250\sin314t)$ V，试求 R 中的电流 i_R。

6-8 已知 $u = [20\sqrt{2}\sin(\omega t + 15°) + 10\sqrt{2}\sin(3\omega t + 30°)]$ V，求该电压的有效值。

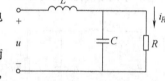

图 6-11 题 6-7 图

6-9 为了提高共发射极放大电路的放大倍数，常在发射极的电阻两端并联一个旁路电容器。其电路如图 6-12 所示，若 $R = 1k\Omega$，$C = 30\mu F$，$i = (1.5 + 0.8\sin\omega t)$ mA，电源频率 $f = 1000Hz$，试求：

（1）求电阻 R 两端的电压 u。

（2）若不接电容器，再求 R 两端的电压。

（3）比较以上两种情况下输出电压的直流分量和交流分量的变化情况，说明电容器对于交流信号的旁路作用。

6-10 在如图 6-13 所示的电路中，已知 $u = [10 + 80\sin(\omega t + 30°) + 18\sin3\omega t]$ V，$R = 6\Omega$，$\omega L = 2\Omega$，$\dfrac{1}{\omega C} = 18\Omega$，试求电压表与电流表的读数及电路的有功功率。

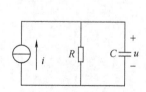

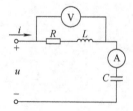

图 6-12 题 6-9 图   图 6-13 题 6-10 图

6-11 一个 15Ω 电阻两端的电压为 $u = [100 + 22.4\sin(\omega t - 45°) + 4.11\sin(3\omega t - 67°)]$ V，试求：（1）电压的有效值；（2）电阻消耗的平均功率。

6-12 如图 6-14a 所示的矩形脉冲作用于如图 6-14b 所示的 RLC 串联电路，其中矩形脉冲的幅度为

100V，周期为 1ms，电阻 $R = 10\Omega$，电感 $L = 10\text{mH}$，电容 $C = 5\mu\text{F}$，求电路中的电流 i 及平均功率。

6-13 如图 6-15 所示，电压 $u = (45 + 180\sin10t + 60\sin30t)\text{V}$，$R = 3\Omega$，$L = 0.4\text{H}$，$C = 1000\mu\text{F}$，试求电流 i 及有效值。

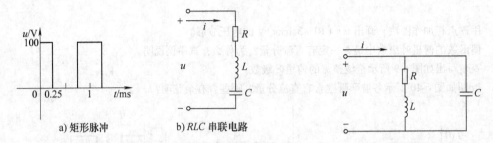

a) 矩形脉冲　　　b) RLC 串联电路

图 6-14　题 6-12 图　　　　　　　　　　　图 6-15　题 6-13 图

6-14 为了减小整流器输出电压的纹波，使其更接近直流，常在整流器的输出端与负载电阻 R 间接有 LC 滤波器，其电路如图 6-16a 所示。若已知 $R = 1\text{k}\Omega$，$L = 5\text{H}$，$C = 30\mu\text{F}$，输入电压 u 的波形如图 6-16b 所示，其中振幅 $U_\text{m} = 157\text{V}$，基波角频率 $\omega = 314\text{rad}/\text{s}$，求输出电压 u_R。

6-15 如图 6-17 所示二端网络的电流、电压为

$$i = \left[5\sin t + 2\sin(2t + 45°) \right] \text{A}$$

$$u = \left[\sin(t + 90°) + \sin(2t - 45°) + \sin(3t - 60°) \right] \text{V}$$

(1) 求网络对各频率的输入阻抗。

(2) 求网络消耗的有功功率。

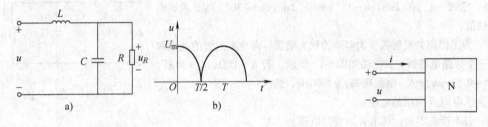

图 6-16　题 6-14 图　　　　　　　　　　　图 6-17　题 6-15 图

第7章

动态电路的时域分析法

***

学习目标

本章主要介绍动态电路的时域分析法。对含有动态元件的电路，在给定激励或在初始储能作用下，分析其过渡到稳态的过程中响应随时间变化的规律，即电路的暂态分析。

7.1 动态电路及其研究方法

1. 电路的过渡过程

在如图 7-1a 所示的电路中，开关 S 闭合前电容两端的端电压 $u_C = 0$，电路处于一种稳定状态。在 $t = 0$ 瞬间将 S 闭合时，结果发现微安表的指针先摆动到某个刻度，随后便逐渐回到零值。若用示波器观察电容电压 u_C，其波形则是按指数规律渐增到外加电压 U_S，这时电路过渡到另一种新的稳定状态，其电压 u_C 和电流 i 的变化规律如图 7-1b 所示。一般地，把电路从一种稳定状态变化到另一种稳定状态的中间过程叫做电路的过渡过程。

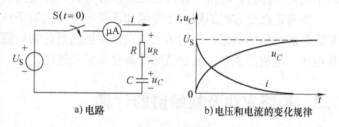

a) 电路   b) 电压和电流的变化规律

图 7-1　RC 电路

如图 7-1 所示的演示电路中，产生过渡过程的内因是电路中含有电容这样的储能元件，外因则是电路发生了所谓"换路"，即电源的突然接通、断开、连接方式或内部参数的改变等变化。因此，含有储能元件的电路在换路时通常都要产生过渡过程。与稳态相比，过渡过程是短暂的，所以过渡过程也称为暂态。

电路过渡过程的研究有重要的实际意义。一方面可以充分将电路的一些暂态特性应用于工程中，如数字脉冲电路中的特种波形、自动控制系统稳定性分析及电气设备的起动等；另一方面，又可以采取保护措施以防止暂态特性可能造成的破坏性后果。

2. 研究动态电路的一般方法

含有动态元件的电路称为动态电路。研究动态电路的方法有很多，这里只介绍经典的时域分析法，其主要步骤是：

1）根据电路的两类约束，对换路后的电路建立以所求响应为变量的微分方程。

对动态电路进行分析，先要建立电路方程，然后根据电路方程求解出电路中电压、电流的变化规律。电路方程的建立要满足两个条件：其一为电路的 KCL、KVL 定律，即电路的结构约束；其二为元件自身的电压、电流关系的约束。

2）确定出所求响应在换路后的初始值。

3）根据初始值确定出积分常数，从而得到电路所求响应的时间函数。

现以如图 7-1 所示的 RC 电路为例，建立 u_C 的微分方程式。

根据 KVL 有

$$u_R + u_C = U_s \quad (t \geqslant 0)$$

在关联参考方向下，电阻、电容元件的电压、电流关系为

$$i = C \frac{du_C}{dt}$$

$$u_R = Ri = RC \frac{du_C}{dt}$$

代入上式，整理后得出

$$RC \frac{du_C}{dt} + u_C = U_s$$

此电路方程是以电容电压为变量的一阶线性常系数微分方程。当电路中有电容和电感这些储能元件时，由于这些元件的电压和电流的约束关系是微分或积分关系，所以电容和电感又称为动态元件。含有动态元件的电路称为动态电路。一般来说，当动态电路中只有一个或等效为一个储能元件时，列出的电路方程是一阶微分方程，相应的电路称为一阶电路；含有两个储能元件时，电路方程将是二阶微分方程，相应的电路称为二阶电路；其余依次类推。

要确定微分方程的解，还需要知道待求量的初始条件，但在分析电路过渡过程时，往往是换路前电路的状态，而初始条件应该是换路后的初始值。因此，研究电路在换路前后瞬间各电压、电流的关系及初始值的计算是非常关键的。

7.2　换路定律及初始值的计算

1. 换路定律

含有储能元件的电路在换路后，一般都要经历一段过渡过程。这是什么原因呢？从元件能量来分析，元件上的能量是逐渐积累或逐渐释放的，所以能量不能跃变。对于电感元件，在换路时磁场能量 $W = \frac{1}{2}Li^2$ 不能跃变，则电感中的电流不能跃变；对于电容元件，在换路时电场能量 $W = \frac{1}{2}Cu^2$ 不能跃变，则电容上的电压不能跃变。

综上所述，无论产生过渡过程的原因是什么，只要在换路瞬间电容上的电压或电感中的电流为有限值，则在换路后的一瞬间，电感中的电流和电容上的电压都应当保持换路前一瞬间的数值而不能跃变，换路后就以此为起始值而连续变化直到新的稳态值，这个规律称为换路定律。这是过渡过程中确定电路初始值的主要依据。

设 $t=0$——表示换路的瞬间；$t=0_-$——表示换路前的瞬间；$t=0_+$——表示换路后的瞬间。

电路换路在 $t=0_-$ 到 $t=0_+$ 的瞬间完成，则换路定律可表示如下

$$\begin{cases} i_L(0_+) = i_L(0_-) \\ u_C(0_+) = u_C(0_-) \end{cases} \tag{7-1}$$

即换路后一瞬间，电容电压和电感电流都保持换路前一瞬间的数值。由换路定律可以确定电路中电感中的电流、电容上的电压的初始值；电路中其他电压、电流的初始值可根据 $t=0_+$ 时的等效电路求得。

2. 确定初始值的方法和步骤

根据换路定律，只有电容电压和电感电流在换路瞬间不能突变，其他各量均不受换路定律的约束。为叙述方便，把遵循换路定律的 $u_c(0_+)$ 和 $i_L(0_+)$ 称为独立初始值，而把其余的初始值如 $i_c(0_+)$、$u_L(0_+)$、$u_R(0_+)$ 和 $i_R(0_+)$ 等称为相关初始值。

独立初始值，可通过作出换路前 $t=0_-$ 时的等效电路求得，具体步骤为：

① 作出 $t=0_-$ 时的等效电路，求出 $u_c(0_-)$ 和 $i_L(0_-)$。

② 根据换路定律确定出 $u_c(0_+)$ 和 $i_L(0_+)$ 的值。

相关初始值，可通过作出换路后 $t=0_+$ 时的等效电路来计算，具体步骤为：

① 用电压为 $u_c(0_+)$ 的电压源和电流为 $i_L(0_+)$ 的电流源取代原电路中 C 和 L 的位置，可得 $t=0_+$ 时的等效电路。

② 再由 $t=0_+$ 时的等效电路求出电路中的相关初始值。

例 7-1 电路如图 7-2a 所示，$t<0_-$ 时电路处于稳态，已知 $U_s=10V$，$C=1\mu F$，$R_1=10\Omega$，$R_2=5\Omega$，$L=1H$，$t=0_+$ 时开关 S 闭合。求：$i(0_+)$、$i_c(0_+)$、$i_L(0_+)$、$u_c(0_+)$、$u_L(0_+)$。

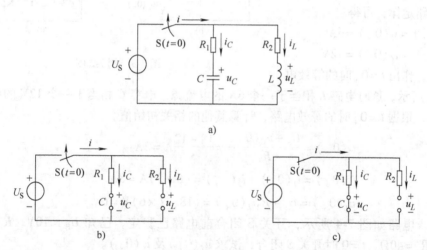

图 7-2　例 7-1 图

解：$t=0_-$ 时，电路处于稳态，电感短路，电容短路，如图 7-2b 所示。由图得出

$$u_c(0_-)=0, \quad i_L(0_-)=0$$

由换路定律得出

$$\begin{cases} i_L(0_+)=i_L(0_-)=0 \\ u_c(0_+)=u_c(0_-)=0 \end{cases}$$

$t=0_+$ 时的电路如图 7-2c 所示，电容短路，电感开路。由图得出

$$i(0_+)=i_c(0_+)=\frac{U}{R_1}=\frac{10}{10}A=1A$$

$$u_L(0_+) = R_1 \cdot i_C(0_+) = 10 \times 1\text{V} = 10\text{V}$$

由例题可以看出，要求储能元件的初始值 $u_C(0_+)$ 和 $i_L(0_+)$ 需要先求出 $u_C(0_-)$ 和 $i_L(0_-)$。根据换路定律求出 $u_C(0_+)$、$i_L(0_+)$；电路中其他电压、电流的初始值可根据 $t = 0_+$ 时的电路求得。由于 $t = 0_+$ 时的等效电路为电阻电路，前面学习的电路分析方法或叠加原理均可用于求其他电压、电流的初始值。

例7-2 在如图7-3a 所示的电路中，已知 $U_S = 18\text{V}$，$R_1 = 1\Omega$，$R_2 = 2\Omega$，$R_3 = 3\Omega$，$L = 0.5\text{H}$，$C = 4.7\mu\text{F}$，开关 S 在 $t = 0$ 时合上，设 S 合上前电路已进入稳态。试求 $i_1(0_+)$、$i_2(0_+)$、$u_L(0_+)$、$u_C(0_+)$。

解： 第一步，作 $t = 0_-$ 时的等效电路如图7-3b 所示，这时电感相当于短路，电容相当于开路。

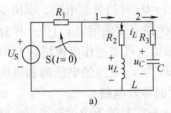

第二步，根据 $t = 0_-$ 时的等效电路，计算换路前的电感电流和电容电压

$$i_L(0_-) = \frac{U_S}{R_1 + R_2} = \frac{18}{1+2}\text{A} = 6\text{A}$$

$$u_C(0_-) = R_2 i_L(0_-) = 2 \times 6\text{V} = 12\text{V}$$

根据换路定律，可得

$$i_L(0_+) = i_L(0_-) = 6\text{A}$$

$$u_C(0_+) = u_C(0_-) = 12\text{V}$$

第三步，作出 $t = 0_+$ 时的等效电

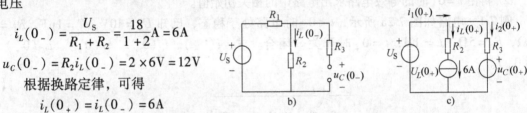

图7-3 例7-2图

路如图7-3c 所示，这时电感 L 相当于一个6A 的电流源，电容 C 相当于一个12V 的电压源。

第四步，根据 $t = 0_+$ 时的等效电路，计算其他的相关初始值。

$$i_2(0_+) = \frac{U_S - u_C(0_+)}{R_3} = \frac{18 - 12}{3}\text{A} = 2\text{A}$$

$$i_1(0_+) = i_L(0_+) + i_2(0_+) = (6+2)\text{A} = 8\text{A}$$

$$u_L(0_+) = U_S - R_2 i_L(0_+) = (18 - 2 \times 6)\text{V} = 6\text{V}$$

例7-3 电路如图7-4所示，开关 S 闭合前电路已稳定，已知 $U_S = 10\text{V}$，$R_1 = 30\Omega$，$R_2 = 20\Omega$，$R_3 = 40\Omega$。$t = 0$ 时开关 S 闭合，试求 $u_L(0_+)$ 及 $i_C(0_+)$。

解：（1）首先求 $u_C(0_-)$ 和 $i_L(0_-)$

S 闭合前电路已处于直流稳态，故电容相当于开路，电感相当于短路，据此可画出 $t = 0_-$ 时的等效电路，如图7-5a 所示。

$$i_L(0_-) = \frac{U_S}{R_1 + R_2} = \left(\frac{10}{30+20}\right)\text{A} = 0.2\text{A}$$

$$u_C(0_-) = \frac{R_2}{R_1 + R_2}U_S = \left(\frac{20}{30+20} \times 10\right)\text{V} = 4\text{V}$$

（2）根据换路定律，有

$$i_L(0_+) = i_L(0_-) = 0.2\text{A}$$

图7-4 例7-3图

$$u_C(0_+) = u_C(0_-) = 4\text{V}$$

（3）将电感用 0.2A 电流源替代，电容用 4V 电压源替代，可得 $t = 0_+$ 时刻的等效电路，如图 7-5b 所示。故

$$u_L(0_+) = U_S - i_L(0_+)R_1 - u_C(0_+)$$
$$= (10 - 0.2 \times 30 - 4)\text{V} = 0\text{V}$$
$$i_C(0_+) = i_L(0_+) - i_2(0_+) - i_3(0_+)$$
$$= i_L(0_+) - \frac{u_C(0_+)}{R_2} - \frac{u_C(0_+)}{R_3}$$
$$= (0.2 - 0.2 - 0.1)\text{A} = -0.1\text{A}$$

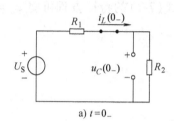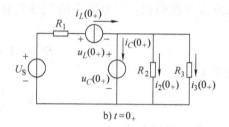

a) $t = 0_-$ b) $t = 0_+$

图 7-5　例 7-3 等效电路

通过上面几个例题，可以看出：

1）换路定律仅指出 u_C 和 i_L 在换路瞬间不能跃变，但电容电流、电感电压、电阻电压及电流都有可能发生跃变。

2）电路初始值应根据 $t = 0_+$ 时的等效电路进行计算，但在求 $u_C(0_+)$ 和 $i_L(0_+)$ 时，需先求出 $u_C(0_-)$ 和 $i_L(0_-)$ 的值。而 $u_C(0_-)$ 和 $i_L(0_-)$ 的值要根据换路前的电路计算。

3）$t = 0_+$ 时的等效电路只在换路后一瞬间有效。

7.3　一阶电路的零输入响应

一阶电路中仅有一个储能元件（电容或电感），储能元件的初始值 $u_C(0_+)$ 和 $i_L(0_+)$ 表征了电路在换路瞬间的初始储能。所谓零输入响应，就是动态电路在没有外加激励的条件下，仅由电路初始储能产生的响应。在实际工程中，电容的放电电路和发电机磁场的灭磁回路，就属于典型的电路零输入响应。

1. RC 电路的零输入响应

（1）RC 电路的放电过程　在如图 7-6 所示的 RC 电路中，开关 S 闭合前，电容 C 已经充电，电容上的电压 $u_C(0_-) = U_0$，其方向如图所示。当 $t = 0$ 时刻开关 S 闭合，根据换路定律，$u_C(0_+) = u_C(0_-) = U_0$，电路在 $u_C(0_+)$ 作用下产生电流 $i(0_+) = U_0/R$，电容 C 将通过 R 放电。随着时间的增加，电容电压将逐渐下降，放电电流也将逐渐减小；直到电容的初始储能逐渐被电阻耗尽，这时 u_C 衰减到零，u_R 和 i 也衰减到零，放电过程结束，电路达到新的稳态。

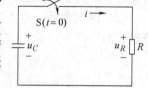

图 7-6　RC 电路

下面通过数学分析，找出电容放电过程中电容电压、电流随

时间变化的规律。

对于图 7-6 换路后的电路，根据基尔霍夫电压定律，可得

$$u_C - u_R = 0 \quad (t \geq 0)$$

将 $u_R = Ri$ 与 $i = -C\dfrac{\mathrm{d}u_C}{\mathrm{d}t}$（式中负号是因为 u_C 与 i 参考方向不一致），代入上式，整理得

$$RC\frac{\mathrm{d}u_C}{\mathrm{d}t} + u_C = 0 \quad (t \geq 0) \tag{7-2}$$

这是一个常系数一阶线性齐次微分方程，由数学知识可知，其通解形式为

$$u_C = Ae^{Pt}$$

式中，P 为特性方程的根；A 为待定的积分常数。式(7-2)的特征方程可将 $u_C = Ae^{Pt}$ 代入而得

$$RCP + 1 = 0$$

其特征根为

$$P = -\frac{1}{RC}$$

于是，式(7-2)的通解为

$$u_C(t) = Ae^{-\frac{1}{RC}t} \quad (t \geq 0)$$

积分常数 A 可由电路的初始值来确定。将 $u_C(0_+) = U_0$ 代入上式，得

$$u_C(0_+) = Ae^{-\frac{0}{RC}} = A = U_0$$

令 $\tau = RC$，则电容放电过程中电容电压 u_C 随时间变化规律的表达式为

$$u_C(t) = U_0 e^{-\frac{t}{RC}} = U_0 e^{-\frac{t}{\tau}} \quad (t \geq 0) \tag{7-3}$$

电路中的放电电流 $i(t)$ 和电阻电压 $u_R(t)$ 分别为

$$i(t) = -C\frac{\mathrm{d}u_C}{\mathrm{d}t} = \frac{U_0}{R}e^{-\frac{t}{RC}} = \frac{U_0}{R}e^{-\frac{t}{\tau}} \quad (t \geq 0)$$

$$u_R(t) = iR = U_0 e^{-\frac{t}{RC}} = U_0 e^{-\frac{t}{\tau}} \quad (t \geq 0)$$

从上式中可以看出，电容电压 $u_C(t)$ 换路后从初始值 U_0 开始按指数规律随时间增长而逐渐趋近于零，如图 7-7a 所示。与 $u_C(t)$ 不同的是 $i(t)$ 和 $u_R(t)$ 在 $t=0$ 时发生跃变，即由零跃变到最大值 $\dfrac{U_0}{R}$ 和 U_0 之后按指数规律随时间逐渐衰减到零，如图 7-7b 所示。

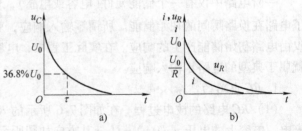

图 7-7 RC 电路零输入响应曲线

（2）时间常数 电路过渡过程的快慢，可用时间常数来衡量。因为 $\tau = RC$ 具有时间的量纲，即

$$[RC] = 欧 \cdot 法 = \frac{伏}{安} \cdot \frac{库}{伏} = \frac{库}{安} = \frac{安 \cdot 秒}{安} = 秒$$

所以称 τ 为 RC 电路的时间常数，它是一个很重要的物理量。时间常数 τ 表征了电路过

渡过程的快慢。在 RC 电路中，时间常数 τ 仅决定于电路参数。当 U_0 一定时，R 越大，放电电流越小，而 C 越大储存的电场能量就越多，这些都使得放电过程缓慢，放电时间加长。

现以电容电压 $u(t)$ 为例来进一步说明时间常数 τ 的意义。将 $t=\tau$、2τ、3τ、$\cdots$ 等不同时间的电容电压 u_C 值列于表 7-1 中。

表7-1 不同时间的电容电压 u_C

t	0	τ	2τ	3τ	4τ	5τ	$\cdots$	∞
$e^{-\frac{t}{\tau}}$	1	0.368	0.135	0.050	0.018	0.007	$\cdots$	0
u_C	U_0	$0.368U_0$	$0.135U_0$	$0.050U_0$	$0.018U_0$	$0.007U_0$	$\cdots$	0

从表 7-1 可知：

1）当 $t=\tau$ 时，$u_C=0.368U_0$，时间常数 τ 是电压衰减到初始值的 36.8% 所需的时间。

2）从理论上讲，当 $t\to\infty$，$u_C=0\mathrm{V}$，过渡过程才结束。但是，由于指数曲线开始衰减较快，经过 $t=5\tau$ 时，u_C 已衰减到初始值的 0.7% 以下。因此，工程上一般认为经过 $(3\sim5)\tau$ 的时间，放电过程已基本结束。

例7-4 在如图 7-8 所示的电路中，已知 $R_1=0.5\mathrm{k}\Omega$，$R_2=1.5\mathrm{k}\Omega$，$C=1\mu\mathrm{F}$，$U_\mathrm{S}=8\mathrm{V}$。开关 S 长期闭合在位置 1 上，如在 $t=0$ 时把它合到位置2上，试求电容上电压 $u_C(t)$ 及放电电流 $i(t)$。

解：（1）确定所求响应的初始值。在 $t=0_-$ 时，$u_C(0_-)=8\mathrm{V}$。

由换路定律得

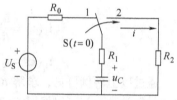

图7-8 例7-4图

$$u_C(0_+)=u_C(0_-)=8\mathrm{V}$$

（2）列出换路后的一个微分方程，在图示的参考方向下，根据 KVL 可得

$$i(R_1+R_2)-u_C=0$$

$$i=-C\frac{\mathrm{d}u_C}{\mathrm{d}t}$$

$$(R_1+R_2)C\frac{\mathrm{d}u_C}{\mathrm{d}t}+u_C=0$$

电路的时间常数 $\tau=(R_1+R_2)C=2\times10^3\times1\times10^{-6}=2\times10^{-3}\mathrm{s}$

根据式(7-3)可得

$$u_C(t)=U_0\mathrm{e}^{-\frac{t}{(R_1+R_2)C}}=U_0\mathrm{e}^{-\frac{t}{\tau}}=8\mathrm{e}^{-5\times10^2 t}\mathrm{V}$$

$$i(t)=-C\frac{\mathrm{d}u_C}{\mathrm{d}t}=4\times10^{-3}\mathrm{e}^{-5\times10^2 t}\mathrm{A}=4\mathrm{e}^{-5\times10^2 t}\mathrm{mA}$$

例7-5 如图 7-9a 所示的电路，开关 S 闭合前电路已处于稳态。在 $t=0$ 时将开关 S 闭合，试求 $t\geq0$ 时的电容电压 $u_C(t)$ 和电流 $i_C(t)$、$i_1(t)$ 及 $i_2(t)$。

解：（1）确定电容电压的初值，作 $t=0_-$ 时的等效电路，如图 7-9b 所示，则有

$$U_0=u_C(0_-)=\left(\frac{6}{1+2+3}\times3\right)\mathrm{V}=3\mathrm{V}$$

（2）电路的时间常数。换路后，电容器经 R_1、R_2 两电阻支路放电，如图 7-9c 所示。放

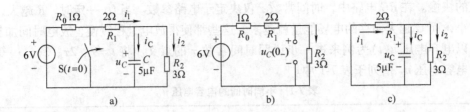

图7-9 例7-5图

电支路的等效电阻为

$$R = R_1 /\!/ R_2 = \frac{2 \times 3}{2 + 3}\Omega = 1.2\Omega$$

电路的时间常数 $\tau = RC = (1.2 \times 5 \times 10^{-6})\text{s} = 6 \times 10^{-6}\text{s}$

根据式(7-3)可得

$$u_C = U_0 e^{-\frac{t}{\tau}} = 3e^{-\frac{t}{6 \times 10^{-6}}}\text{V} = 3e^{-1.7 \times 10^5 t}\text{V} \quad (t \geq 0)$$

$$i_C(t) = C \frac{\mathrm{d}u_C}{\mathrm{d}t} = -2.5e^{-1.7 \times 10^5 t}\text{A} \quad (t \geq 0)$$

$$i_2(t) = \frac{u_C}{R_2} = \frac{u_C}{3} = e^{-1.7 \times 10^5 t}\text{A} \quad (t \geq 0)$$

$$i_1(t) = i_2 + i_C = -1.5e^{-1.7 \times 10^5}\text{A} \quad (t \geq 0)$$

通过以上两例可见，求解 RC 电路的零输入响应时，只要计算出电容电压的初始值与电路的时间常数，就可以根据式(7-3)直接写出结果。但应注意，电路时间常数中的 R 是从电容元件两端看进去的等效电阻。

2. RL 电路的零输入响应

RL 电路的零输入响应与 RC 电路的零输入响应相似。电路如图7-10所示，开关 S 闭合前电路已稳定，则电感 L 相当于短路，此时电感电流为

$$i_L(0_-) = \frac{U_S}{R_0 + R} = I_0$$

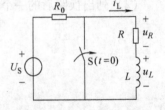

$t = 0_+$ 时将开关 S 闭合，根据换路定律有

$$i_L(0_+) = i_L(0_-) = I_0$$

图7-10 RL 电路

此时，电感元件储有能量，随着时间推移，磁场能量被电阻 R 消耗，电流也逐渐衰减到零，电路到达新的稳态。

下面通过数学分析，找出电感电流和电压随时间的变化规律。对图7-10换路后的电路，根据基尔霍夫电压定律，可得

$$u_L + u_R = 0 \quad (t \geq 0)$$

将 $u_R = i_L R$ 与 $u_L = L \dfrac{\mathrm{d}i_L}{\mathrm{d}t}$ 代入上式，可得

$$L \frac{\mathrm{d}i_L}{\mathrm{d}t} + Ri_L = 0 \quad (t \geq 0) \tag{7-4}$$

这也是一个常系数一阶线性齐次微分方程，与 RC 相似，其通解形式为

$$i_L(t) = Ae^{Pt}$$

相应的特征方程

$$LP + R = 0$$

其特征根为

$$P = -\frac{R}{L}$$

则微分方程的通解为

$$i_L(t) = Ae^{-\frac{R}{L}t} \quad (t \geq 0)$$

代入初始条件 $i_L(0_+) = I_0$，可得 $A = I_0$ 故电路的零输入响应为

$$i_L(t) = I_0 e^{-\frac{R}{L}t} \quad (t \geq 0)$$

RL 电路的时间常数 $\tau = \dfrac{L}{R}$，同样具有时间量纲，其大小反映了过渡过程的快慢。

于是 RL 电路放电电流和电感电压分别为

$$i_L(t) = I_0 e^{-\frac{R}{L}t} = I_0 e^{-\frac{t}{\tau}} \quad (t \geq 0) \tag{7-5}$$

$$u_R(t) = Ri_L = RI_0 e^{-\frac{R}{L}t} = RI_0 e^{-\frac{t}{\tau}} \quad (t \geq 0)$$

$$u_L(t) = L\frac{di_L}{dt} = -RI_0 e^{-\frac{R}{L}t} = -RI_0 e^{-\frac{t}{\tau}}$$

从上式中可以看出，电感电流 $i_L(t)$ 在换路后从初始值 I_0 开始按指数规律变化，而电阻电压 $u_R(t)$、电感电压 $u_L(t)$ 在 $t = 0$ 时则由 RI_0 和 $-RI_0$ 按指数规律随时间逐渐衰减到零，如图 7-11 所示。电感电压为负值，是因为电流不断减小，根据楞次定律可知，电感上的感应电压，力图维持原电流不变，故实际的感应电压的极性与参考极性相反，因而为负值。

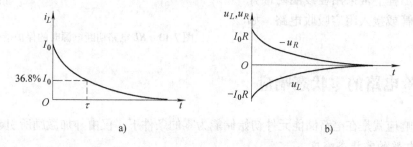

图 7-11 RL 电路零输入响应曲线

例 7-6 电路如图 7-12 所示，已知 $R_0 = 1\Omega$，$R_1 = R_2 = 2\Omega$，$L = 2H$，$U_s = 2V$，开关 S 长时间合在 1 的位置。当 $t = 0$ 时把它合到位置 2 上，试求电感元件中的电流 $i(t)$ 及其两端电压 $u_L(t)$。

解：（1）确定所求响应的初始值

在 $t = 0_-$ 时，$i_L(0_-) = \dfrac{U_s}{R_0 + R_1} = \dfrac{2}{3}A$

由换路定律得 $i_L(0_+) = i_L(0_-) = \dfrac{2}{3}A$

（2）列写换路后的微分方程。在图示参考方向下，根据 KVL 可得

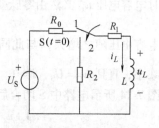

图 7-12 例 7-6 图

$$(R_1 + R_2)i_L + u_L = 0$$

因为
$$u_L(t) = L\frac{\mathrm{d}i_L}{\mathrm{d}t}$$

所以
$$L\frac{\mathrm{d}i_L}{\mathrm{d}t} + (R_1 + R_2)i_L = 0$$

（3）解方程求出其响应的时间函数。根据式(7-5)可得

$$i_L(t) = Ae^{Pt} = Ae^{\frac{-t}{\tau}} \quad (t \geqslant 0)$$

换路后 *RL* 电路的时间常数

$$\tau = \frac{L}{R} = \frac{L}{R_1 + R_2} = \frac{2}{4}\text{s} = \frac{1}{2}\text{s}$$

电感中电流的初始值为

$$i_L(t) = i(0_-) = A = \frac{2}{3}\text{A}$$

所以

$$i_L(t) = Ae^{-\frac{t}{\tau}} = \frac{2}{3}e^{-2t}\text{A} \quad (t \geqslant 0)$$

$$u_L(t) = L\frac{\mathrm{d}i_L}{\mathrm{d}t} = -\frac{8}{3}e^{-2t}\text{V} \quad (t \geqslant 0)$$

从上例分析可见，电感线圈的直流电源断开时，线圈两端会产生高电压，从而出现火花甚至电弧，常会损坏开关设备。因此工程上常采用在线圈两端并联续流二极管或接入阻容吸收电路，如图 7-13a、b。

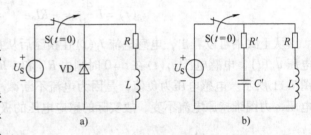

图 7-13 *RL* 电路切断电源时的保护措施

7.4 一阶电路的零状态响应

零状态响应就是在电路储能元件初始储能为零的条件下，仅由外加激励所引起的响应。

1. *RC* 电路的零状态响应

研究 *RC* 电路的零状态响应，实际上就是研究它的充电过程。如图 7-14 所示电路，开关 S 闭合前电容初始状态为零，即 $u_C(0_-) = 0$，在 $t = 0$ 时开关 S 闭合，电源 U_S 经电阻 R 给 C 充电。在 $t = 0_+$ 瞬间，由于电容电压不能跃变，$u_C(0_+) = u_C(0_-) = 0$，电容相当于短路，此时电容电压 u_C 必然由零跃变到 U_S，电流 i 也由零跃变到 $\frac{U_S}{R}$。随着时间的推移，电容被充电，电容电压随之增大；与此同时电路中的电流 $i = \frac{(U_S - u_C)}{R}$ 逐渐减小，直到 $u_C = U_S$，$i = 0$，充电过程结束，电路进入新的稳态。图 7-14 所示电路中 S 闭合后，根据 KVL，得

$$u_R + u_C = U_S \quad (t \geqslant 0)$$

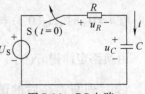

图 7-14 *RC* 电路

将 $u_R = Ri$，$i = C\dfrac{\mathrm{d}u_C}{\mathrm{d}t}$，代入上式可得

$$RC\frac{\mathrm{d}u_C}{\mathrm{d}t} + u_C = U_{\mathrm{S}} \quad (t \geqslant 0) \tag{7-6}$$

这是一个常系数一阶线性非齐次微分方程，由数学可知，它的解由其特解 u_C' 和相应齐次微分方程的通解 u_C'' 两部分组成，即

$$u_C = u_C' + u_C''$$

非齐次微分方程的特解，通常取换路后电容电压的稳态值，所以特解又称为电路的稳态解或稳态分量。其特解为

$$u_C' = U_{\mathrm{S}}$$

而一阶线性齐次微分方程的通解，由本章第 3 节可知，其通解为

$$u_C'' = A\mathrm{e}^{-\frac{t}{RC}}$$

这是一个随时间增长而衰减的指数函数，它是电路在过渡过程期间才存在的一个分量，所以常把 u_C'' 称为电路的暂态解或暂态分量。

于是该方程的解为

$$u(t) = u_C' + u_C'' = U_{\mathrm{S}} + A\mathrm{e}^{-\frac{t}{RC}}$$

将初始条件 $u_C(0_+) = 0$ 代入上式，可得

$$A = -U_{\mathrm{S}}$$

因此，电容电压 u_C 零状态响应的全解为

$$u_C(t) = U_{\mathrm{S}} - U_{\mathrm{S}}\mathrm{e}^{-\frac{t}{RC}} = U_{\mathrm{S}}(1 - \mathrm{e}^{-\frac{t}{RC}}) = U_{\mathrm{S}}(1 - \mathrm{e}^{-\frac{t}{\tau}}) \quad (t \geqslant 0) \tag{7-7}$$

充电电流 $i(t)$ 和电阻电压 $u_R(t)$ 为

$$i(t) = C\frac{\mathrm{d}u_C}{\mathrm{d}t} = \frac{U_{\mathrm{S}}}{R}\mathrm{e}^{-\frac{t}{\tau}} \quad (t \geqslant 0)$$

$$u_R(t) = Ri = U_{\mathrm{S}}\mathrm{e}^{-\frac{t}{\tau}} \quad (t \geqslant 0)$$

式中，$\tau = RC$ 是 RC 充电电路的时间常数，它表征了充电的快慢程度。$u_C(t)$、$u_R(t)$ 和 $i(t)$ 随时间变化的曲线如图 7-15a、b 所示。

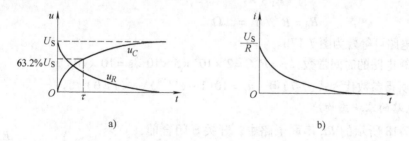

图 7-15　RC 电路的零状态响应曲线

从以上分析可知，零初始条件下的充电过程，电容电压 $u_C(t)$ 从零开始按指数规律上升至稳态值 U_{S}。而充电电流 $i(t)$ 和电阻电压 $u_R(t)$ 则由零值跃变到最大值后，以相同的时间常数按指数规律逐渐衰减到零。无论是充电还是放电过程，电路过渡过程的特点主要反映在暂态分量上，暂态分量是负指数函数，它会随着时间的增长而消失，而电压、电流变化的快慢

仍取决于电路的时间常数。当 $t = \tau$ 时，电容电压 u_C 增至稳态值的 63.2%；当 $t = (3-5)\tau$ 时，u_C 增至稳态值的 95%~99.7%，工程上通常认为此时电路已进入稳态，即充电过程结束。

例7-7 在如图7-16所示的电路中，已知 $C = 0.5\mu F$，$R = 100\Omega$，$U_S = 220V$，$u_C(0_-) = 0$。求 S 闭合后，电容电压 u_C、电流 i 及电阻电压 u_R。

解：时间常数为

$$\tau = RC = (100 \times 0.5 \times 10^{-6})s = 5 \times 10^{-5}s$$

将 τ 及电源电压 U_S 代入式(7-7)，得

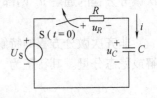

图7-16 例7-7图

$$u_C = U_S(1 - e^{-\frac{t}{\tau}}) = 220(1 - e^{-2 \times 10^4 t})V$$

则充电电流 $i(t)$ 和电阻电压 $u_R(t)$ 为

$$i(t) = C\frac{du_C}{dt} = \frac{U_S}{R}e^{-\frac{t}{\tau}} = 2.2e^{-2 \times 10^4 t}A$$

$$u_R(t) = U_S e^{-\frac{t}{\tau}} = 220e^{-2 \times 10^4 t}V$$

由上例可知，暂态分量是负指数函数，当 $t \to \infty$ 时，电路进入新的稳态，暂态消失，过渡过程结束。

例7-8 如图7-17a所示电路，已知：$U_S = 15V$，$R_1 = 3k\Omega$，$R_2 = 6k\Omega$，$C = 5\mu F$，$u_C(0_-) = 0$，求开关 S 闭合后的 $u_C(t)$。

解：因电路较复杂，若直接列写微分方程求解比较麻烦。所以，将储能元件以外的电路看作一个有源二端网络，利用戴维南定理将换

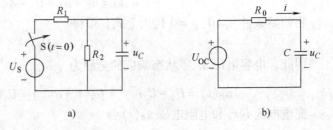

a)   b)

图7-17 例7-8图

路后的电路简化成一个简单的 RC 串联电路，然后再利用式(7-7)求出 $u_C(t)$。

（1）求等效电源的电压和电阻。

$$U_{OC} = \frac{R_2}{R_1 + R_2} \times U_S = \frac{6}{3+6} \times 15V = 10V$$

$$R_0 = R_1 // R_2 = 2k\Omega$$

于是，电路可等效为图7-17b。

（2）计算电路的时间常数：$\tau = R_0 C = 2 \times 10^3 \times 5 \times 10^{-6}s = 10 \times 10^{-3}s$

（3）将所得参数代入式(7-7)得 $u_C = 10(1 - e^{-100t})V$ （$t \geq 0$）

2. RL 电路的零状态响应

在如图7-18所示的 RL 串联电路中，开关 S 闭合前，电感初始储能为零，即 $i_L(0_-) = 0$，电路处于零状态。当 $t = 0$ 时，开关 S 闭合，根据换路定律有 $i_L(0_+) = i_L(0_-) = 0$，电感相当于开路，电源电压 U_S 加于电感两端，即 $u_L(0_+) = U_S$。随着时间的增长电流逐渐增大，电阻端电压也随之逐渐增大，则电感两端的电压逐渐减少，

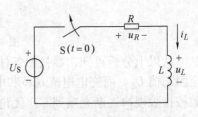

图7-18 RL 电路的零状态响应

最后电感电压 $u_L = 0$。电感相当于短路，U_S 全部加于电阻两端，电路中的电流到达稳态值 $i_L(\infty) = U_S/R$。

电路换路后，根据 KVL，列出电路的微分方程为

$$L\frac{\mathrm{d}i_L}{\mathrm{d}t} + Ri_L = U_S \quad (t \geq 0) \tag{7-8}$$

这也是一个常系数一阶线性非齐次微分方程，它的解同样由其特解 i'_L 和相应的齐次方程的通解 i''_L 组成，即

$$i_L = i'_L + i''_L$$

显然，特解仍是稳态值 $i'_L = \dfrac{U_S}{R}$

而通解仍为暂态分量 $i''_L = Ae^{-\frac{R}{L}t}$

因此，式(7-8)的解为 $i_L = i'_L + i''_L = \dfrac{U_S}{R} + Ae^{-\frac{R}{L}t} \quad (t \geq 0)$

将初始值 $i_L(0_+) = i_L(0_-) = 0$ 代入上式，可确定出积分常数为

$$A = -\frac{U_S}{R}$$

令 $\tau = \dfrac{L}{R}$，则电路的零状态相应 $i_L(t)$ 为

$$i_L(t) = \frac{U_S}{R} - \frac{U_S}{R}e^{-\frac{R}{L}t} = \frac{U_S}{R}(1 - e^{-\frac{t}{\tau}}) \quad (t \geq 0) \tag{7-9}$$

电感电压 $u_L(t)$ 和电阻电压 $u_R(t)$ 分别为

$$u_L(t) = L\frac{\mathrm{d}i}{\mathrm{d}t} = U_S e^{-\frac{t}{\tau}} \quad (t \geq 0)$$

$$u_R(t) = Ri_L = U_S(1 - e^{-\frac{t}{\tau}}) \quad (t \geq 0)$$

$i_L(t)$、$u_L(t)$ 和 $u_R(t)$ 随时间变化的波形曲线如图 7-19 所示。

由上述分析可知：电流 $i(t)$ 由零开始按指数规律逐渐增大到稳态值 U_S/R；电感电压 $u_L(t)$ 则由零跃变到 U_S 后，按同一指数规律逐渐衰减到零。

暂态过程进行的快慢取决于时间常数 τ。τ 越大，暂态过程越长。这是因为 τ 越大，则 L 越大或 R 越小。L 越大，电感储存的磁场能量越大，供给电阻消耗能量的时间越长；R 越小，消耗电磁储能所花费的时间就长。

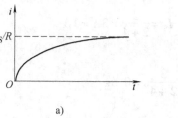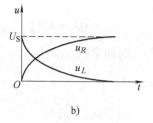

图 7-19　RL 电路零状态响应曲线

从以上讨论可知，RC 和 RL 电路零状态响应都包含两项，一项是方程的特解，是电路换路后进入稳态的解，称为稳态分量。因稳态分量受电路输入激励的制约，故又称为强制分量。另一项是相应的齐次方程的通解，它按指数规律衰减，衰减的快慢由时间常数来确定。当 $t \to \infty$ 时，它趋于零，故称其为暂态分量。因暂态分量的变化规律不受输入激励的制约，

因此，相对于强制分量，又称其为自由分量。当暂态分量衰减为零时，电路过渡过程就结束而进入稳态。

例7-9 在如图7-20所示电路中，已知 $U_S = 20V$，$R = 20\Omega$，$L = 2H$，当开关 S 闭合后，求：（1）电路的稳态电流及电流到达稳态值的63.2%所需的时间；（2）当 $t = 0_+$、$t = 0.2s$ 及 $t = \infty$ 时，线圈两端的电压各是多少？

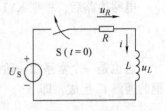

图 7-20　例 7-9 图

解：（1）当电路达到稳态时，L 相当于短路，稳态电流

$$I = \frac{U_S}{R} = \left(\frac{20}{20}\right)A = 1A$$

电流上升到稳态值的63.2%所需要的时间等于电路的时间常数，故

$$\tau = \frac{L}{R} = \left(\frac{2}{10}\right)s = 0.1s$$

（2）电感两端电压

$$u_L = U_S e^{-\frac{t}{\tau}} = 20e^{-10t}V$$

当 $t = 0s$ 时

$$u_L(0_+) = U_S = 20V$$

当 $t = 0.2s$ 时

$$u_L = U_S e^{-10 \times 0.2} = 20e^{-2}V \approx 2.7V$$

当 $t = \infty$ 时

$$u_L = 0V$$

例7-10 如图7-21所示电路，换路前电路已达稳态，在 $t = 0$ 时开关 S 打开，求 $t \geq 0$ 时的 $i_L(t)$ 和 $u_L(t)$。

解：因为 $i_L(0_-) = 0$，故换路后电路的响应为零状态。

又因为电路稳定后，电感相当于短路，所以

$$i_L(\infty) = \frac{R_1}{R_1 + R_2} I_S = \frac{2}{2+4} \times 3A = 1A$$

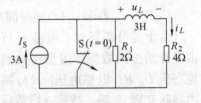

时间常数

$$\tau = \frac{L}{R} = \frac{3}{2+4}s = 0.5s$$

图 7-21　例 7-10 图

根据式(7-9)得

$$i_L(t) = (1 - e^{-2t})A \quad (t \geq 0)$$

则

$$u_L(t) = L\frac{di_L}{dt} = 6e^{-2t}V \quad (t \geq 0)$$

7.5　一阶电路的全响应

1. 全响应

前两节分析了一阶电路的零输入响应和零状态响应，当一阶电路中既有初始储能又有外

加激励时，电路所产生的响应称为全响应。

对于线性电路，全响应为零输入响应和零状态响应的叠加，在如图 7-22a 所示的电路中，电容的初始电压为 $u_C(0) = U_0$，开关 S 在 $t = 0$ 时闭合而接通直流电压 U_s。不难看出，换路后该电路可看成零输入条件下的放电过程和零初始条件下的充电过程的叠加，如图 7-22 所示。

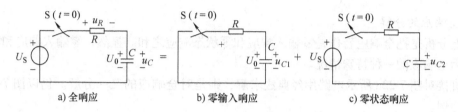

a) 全响应　　　　　b) 零输入响应　　　　　c) 零状态响应

图 7-22　全响应电路

换路后，电容电压 u_C 的零输入响应 u_{C1} 和零状态响应 u_{C2} 分别为

$$u_{C1} = U_0 e^{-\frac{t}{\tau}}$$

$$u_{C2} = U_s(1 - e^{-\frac{t}{\tau}})$$

而电路的全响应为

$$u_C(t) = u_{C1} + u_{C2} = U_0 e^{-\frac{t}{\tau}} + U_s(1 - e^{-\frac{t}{\tau}}) \quad (t \geq 0) \tag{7-10}$$

即　全响应 = 零输入响应 + 零状态响应。

例 7-11　电路如图 7-23a 所示，$R_1 = R_2 = R_3 = 10\Omega$，$C = 100\mu F$，$U_s = 10V$，开关 S 闭合前电路已处于稳态，S 在 $t = 0$ 时闭合。求 S 闭合后 u_C 的变化规律。

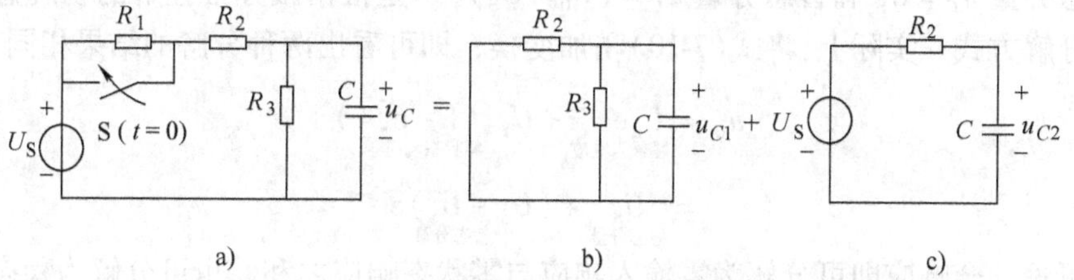

a)　　　　　　　b)　　　　　　　c)

图 7-23　例 7-11 图

解：在图 7-23b 中，由于开关 S 闭合前电路已处于稳态，故

$$U_0 = u_C(0_-) = \frac{R_3}{R_1 + R_2 + R_3} U_s = \frac{10}{10 + 10 + 10} \times 10V = \frac{10}{3}V$$

时间常数

$$\tau = (R_2 /\!/ R_3)C = 5 \times 100 \times 10^{-6}s = 5 \times 10^{-4}s$$

所以，零输入响应为

$$u_{C1} = U_0 e^{-\frac{t}{\tau}} = \frac{10}{3} e^{-2 \times 10^3 t} V$$

在图 7-23c 中，电路的零状态响应为

$$u_{C2} = \frac{R_3}{R_2 + R_3} U_s (1 - e^{-\frac{t}{\tau}}) = \left[\frac{10}{10 + 10} 10(1 - e^{-2 \times 10^3 t})\right] V$$

$$=5 \times (1 - e^{-2 \times 10^3 t}) \, \text{V}$$

将以上两部分叠加得 u_C 的全响应为

$$u_C = u_{C1} + u_{C2} = \left[\frac{10}{3} e^{-2 \times 10^3 t} + 5 \times (1 - e^{-2 \times 10^3 t}) \right] \text{V}$$

$$= \left(5 - \frac{5}{3} e^{-2 \times 10^3 t} \right) \text{V}$$

2. 全响应的分解

以上分析是把全响应看作是零输入响应和零状态响应之和。显然，零输入响应和零状态响应均为全响应的一种特殊情况。

若直接对图7-22a所示电路用经典法求解，则是对全响应的又一分解。仍以图7-22a所示电路为例。

根据KVL，有

$$RC \frac{du_C}{dt} + u_C = U_S \quad (t \geq 0)$$

其方程的解由特解 $u_C' = U_S$ 和相应齐次方程的通解 $u_C'' = Ae^{-\frac{t}{\tau}}$ 组成，即

$$u_C = u_C' + u_C'' = U_S + Ae^{-\frac{t}{\tau}}$$

代入初始条件 $u_C(0_+) = U_0$，可得

$$A = U_0 - U_S$$

则全响应为

$$u_C = u_C' + u_C'' = U_S + (U_0 - U_S) e^{-\frac{t}{\tau}} \quad (t \geq 0) \tag{7-11}$$

式中，稳态分量 $u_C' = U_S$ 和暂态分量 $u_C'' = (U_0 - U_S) e^{-\frac{t}{\tau}}$ 是根据微分方程解的物理意义对全响应的又一分解方式。实际上，将式(7-10)稍加变换，即可看出两种分解的结果相同，即

$$u_C = \underset{\text{零输入响应}}{U_0 e^{-\frac{t}{\tau}}} + \underset{\text{零状态响应}}{U_S (1 - e^{-\frac{t}{\tau}})}$$

$$= \underset{\text{稳态分量}}{U_S} + \underset{\text{暂态分量}}{(U_0 - U_S) e^{-\frac{t}{\tau}}}$$

由此可见，全响应即可分解为零输入响应与零状态响应之和，也可分解为稳态分量与暂态分量之和，但应注意的是，这只是分析问题的着眼点不同，其本质还是同一响应。

在用微分方程求解电路响应时，人为地将响应分成稳态分量和暂态分量，这是因为稳态分量可以用前面学习过的稳态分析法来计算。而暂态分量则是电路在过渡过程中的响应，其形式为 Ae^{Pt}，其中特征根 P 由电路的结构和参数决定。积分常数 A 为暂态响应的幅度，它不仅与初始值有关，而且还与稳态响应在 $t = \infty$ 时的值有关。

电路过渡过程的特点集中反映在暂态分量上。经过 $(3 \sim 5)\tau$ 的时间后，暂态分量基本上已经消失，电路进入新的稳态。

例7-12 电路如图7-24所示，已知 $U_S = 220\text{V}$，$R_1 = 8\Omega$，$R_2 = 12\Omega$，$L = 0.6\text{H}$，开关S在 $t = 0$ 时闭合，试求：(1)开关S闭合后 i 的变化规律；(2)开关S闭合后要经过多长时间电流才能上升到15A？

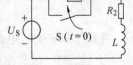

图 7-24

解：(1) 在开关S闭合前电路已处于稳态，电感相当于短路，

故

$$i(0_-) = \frac{U_s}{R_1 + R_2} = \frac{220}{8 + 12}A = 11A$$

S 闭合后，R_1 被短路，电路变为 RL 串联电路，时间常数为

$$\tau = \frac{L}{R_2} = \frac{0.6}{12}s = 0.05s$$

电路到达新稳态时，电感仍相当于短路，故直流稳态响应

$$i' = \frac{U_s}{R_2} = \frac{220}{12}A = 18.3A$$

暂态响应

$$i'' = Ae^{-\frac{t}{\tau}}$$

全响应

$$i = i' + i'' = 18.3 + Ae^{-\frac{t}{\tau}}$$

积分常数 A 可由 i 的初始值确定如下：$t = 0_+$ 时，根据换路定律

$$i(0_+) = i(0_-) = 11A$$

$$11 = 18.3 + Ae^0$$

$$A = 11 - 18.3 = -7.3$$

则 $\qquad i = (18.3 - 7.3e^{-\frac{t}{\tau}})A = (18.3 - 7.3e^{-20t})A$

（2）电流达到 15A 所需的时间。

因为 $\qquad 15 = 18.3 - 7.3e^{-20t}$

所以 $\qquad t = 0.039s$

7.6 一阶电路的三要素分析

从前面的分析可以看出，对较复杂的一阶电路，若通过列微分方程逐步求解是比较麻烦的，因此需要掌握一种实用、快捷的方法。

由上节对全响应的分解可知，电路的响应是稳态分量和暂态分量叠加的结果，见式 (7-11)，如写成一般式则为

$$f(t) = f(\infty) + Ae^{-\frac{t}{\tau}}$$

式中，$f(t)$ 代表电流或电压响应，$f(\infty)$ 是稳态分量，$Ae^{-\frac{t}{\tau}}$ 是暂态分量。如初始值为 $f(0_+)$，则得 $A = f(0_+) - f(\infty)$。于是

$$f(t) = f(\infty) + [f(0_+) - f(\infty)]e^{-\frac{t}{\tau}} \tag{7-12}$$

由上式可见，对一阶电路的分析，只要求得初始值 $f(0_+)$、稳态值 $f(\infty)$ 和时间常数 τ 这三个"要素"，就能直接写出电路的响应。这一分析方法称为一阶线性动态电路分析的三要素法。

初始值、稳态值和时间常数三个要素的计算：

1）初始值 $f(0_+)$：第一步作 $t = 0_-$ 等效电路，确定独立初始值；第二步作 $t = 0_+$ 等效电

路，计算相关初始值。

2）稳态值 $f(\infty)$：可通过作换路后 $t = \infty$ 时的稳态等效电路来求取。注意作 $t = \infty$ 等效电路时，电容相当于开路；电感相当于短路。

3）时间常数 τ：RC 电路 $\tau = RC$，RL 电路 $\tau = \dfrac{L}{R}$，其中 R 是换路后从动态元件两端看进去的等效电阻。

需要指出的是，三要素法仅适用于一阶线性电路，对于二阶或高阶电路则不适用。

下面举例说明三要素法的应用。

例7-13 图 7-25a 所示电路中，已知 $U_S = 9V$，$R_1 = 6k\Omega$，$R_2 = 3k\Omega$，$C = 1\mu F$，$t = 0$ 时开关闭合，试用三要素法分别求 $u_c(0_-) = 0V$、3V 和 6V 时 u_c 的表达式，并画出相应的波形。

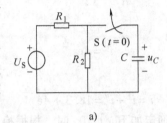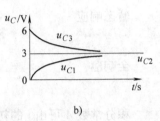

a)   b)

图 7-25　例 7-13 图

解： 先确定三要素

（1）初始值：根据换路定律，S 闭合后电容电压不能跃变，分别求出换路后的初始值为

当 $u_c(0_-) = 0V$ 时，$u_c(0_+) = 0V$

当 $u_c(0_-) = 3V$ 时，$u_c(0_+) = 3V$

当 $u_c(0_-) = 6V$ 时，$u_c(0_+) = 6V$

（2）稳态值：电路到达稳态后，电容相当于开路，故

$$u_c(\infty) = \frac{R_1}{R_1 + R_2} U_S = \frac{3}{6+3} \times 9V = 3V$$

（3）时间常数：前已述及，时间常数仅与电路的结构和参数有关，而与外加电源无关。所以，在求电路的时间常数时，可将外加电压源、电流源分别用短路、开路来代替，然后根据电阻的串并关系求出等效电阻 R_0。

将图 7-25a 的电压源用短路代替后，从 C 两端看进去的等效电阻为

$$R_0 = R_1 // R_2 = \frac{6 \times 3}{6+3} k\Omega = 2k\Omega$$

所以电路的时间常数为

$$\tau = R_0 C = 2 \times 10^3 \times 1 \times 10^{-6} s = 2 \times 10^{-3} s$$

将以上三项代入式（7-12）得

当 $u_c(0_-) = 0V$ 时　　　　$u_{C1} = 3(1 - e^{-500t})V$

当 $u_c(0_-) = 3V$ 时　　　　$u_{C2} = 3V$

当 $u_c(0_-) = 6V$ 时　　　　$u_{C3} = 3(1 + e^{-500t})V$

它们的波形如图 7-25b 所示。

由本例可知：当 $u_c(\infty) > u_c(0)$ 时，电容按指数规律充电；当 $u_c(\infty) = u_c(0)$ 时，换路后电路立即进入稳态，无过渡过程；当 $u_c(\infty) < u_c(0)$ 时，电容按指数规律放电。总之，只有在电路初始值与稳态值不同时，才有过渡过程发生。

例 7-14 在图 7-26a 中，开关 S 长期合在位置 1 上，在 $t=0$ 时由位置 1 切换到位置 2，试求 i 并绘出它的波形图。

解：（1）初始值：先由 $t=0_-$ 的电路（如图 7-26b 所示）求得

$$i(0_-) = \frac{-3}{1+\dfrac{2\times1}{2+1}}A = -\frac{9}{5}A$$

再由 $t=0_+$ 时的电路（如图 7-26c 所示），将电感元件用理想电流源代替，其电流值为

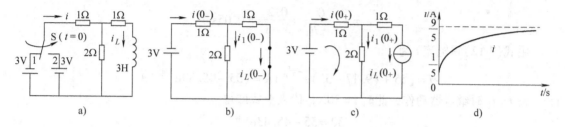

图 7-26　例 7-14 图

根据 KVL，得

$$3 = i(0_+)\times1 + \left[i(0_+)-i_L(0_+)\right]\times2$$

$$3 = 3i(0_+) + \frac{12}{5}$$

$$i(0_+) = \frac{1}{5}A$$

注意：$i(0_+)\neq i(0_-)$。

（2）稳态值：

$$i(\infty) = \frac{3}{1+\dfrac{2\times1}{2+1}}A = \frac{9}{5}A$$

（3）时间常数：

$$\tau = \frac{L}{R_0} = \frac{3}{1+\dfrac{2\times1}{2+1}}s = \frac{9}{5}s$$

根据式（7-12），得

$$i = \frac{9}{5} + \left(\frac{1}{5}-\frac{9}{5}\right)e^{-\frac{5}{9}t}A = \frac{9}{5} - \frac{8}{5}e^{-\frac{5}{9}t}A$$

其波形如图 7-26d 所示。

从上例可以看出，除了储能元件的电压、电流可用三要素法确定之外，其他支路的电压、电流同样可以用三要素法确定出来。

例 7-15 图 7-27 中继电器被用作输电线的继电保护，当通过继电器的电流达到 30A 时，继电器动作，使输电线脱离电源，从而起到保护作用。若负载电阻 $R_2=20\Omega$，输电线电阻 $R_1=1\Omega$，继电器电阻 $R=3\Omega$，电感 $L=0.2H$，电源电压 $U_S=220V$。问：负载发生短路时，需经多长时间继电器才动作。

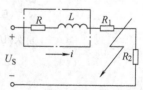

图 7-27　例 7-15 图

解：（1）确定初始值：

$$i(0_+) = i(0_-) = \frac{U_S}{R_1 + R_2 + R} = \frac{220}{1 + 20 + 3}\text{A} = 9.17\text{A}$$

（2）稳态值：$t \to \infty$ 时，R_2 已被短路，故

$$i(\infty) = \frac{U_S}{R + R_1} = \frac{220}{3 + 1}\text{A} = 55\text{A}$$

（3）时间常数：

$$\tau = \frac{L}{R + R_1} = \frac{0.2}{3 + 1}\text{s} = 0.05\text{s}$$

由式（7-12）得电流 i 为

$$i = \left[55 + (9.17 - 55)\text{e}^{-\frac{t}{0.05}} \right]\text{A} = (55 - 45.83\text{e}^{-20t})\text{A}$$

设 $t = t_1$ 时继电器动作，此时 $i = 30\text{A}$，代入上式即得

$$30 = 55 - 45.83\text{e}^{-20t_1}$$

解得

$$t_1 = 0.03\text{s}$$

可知，负载短路后仅需 0.03s 继电器即切断电源，从而保护了用电设备。

*7.7 二阶电路分析

用二阶微分方程描述的电路称为二阶电路。二阶电路中会有两个独立的储能元件，既储存电场能量又储存磁场能量。本节将通过对 *RLC* 串联电路的讨论来阐明二阶电路的分析求解方法。

在如图 7-28a 所示的 *RLC* 串联电路中，电源激励为 U_S，$u_C(0_-) = U_0$，开关 S 在 $t = 0$ 时闭合，则储能元件的初始储能与电源激励同时作用于电路，这种电路的响应称为二阶电路的全响应。下面对电路的全响应情况进行分析。

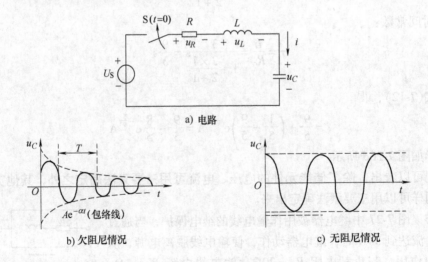

a) 电路

b) 欠阻尼情况   c) 无阻尼情况

图 7-28 *RLC* 串联电路

根据 KVL，得

$$u_R + u_L + u_C = U_S$$

按图中标定的电压、电流参考方向有

$$i = C\frac{\mathrm{d}u_C}{\mathrm{d}t}, \qquad u_R = Ri = RC\frac{\mathrm{d}u_C}{\mathrm{d}t}, \qquad u_L = L\frac{\mathrm{d}i}{\mathrm{d}t} = LC\frac{\mathrm{d}^2u_C}{\mathrm{d}t^2}$$

将以上各式代入上式，便可得出以 u_C 为响应变量的微分方程

$$LC\frac{\mathrm{d}^2u_C}{\mathrm{d}t^2} + RC\frac{\mathrm{d}u_C}{\mathrm{d}t} + u_C = U_S \tag{7-13}$$

此方程为一常系数二阶线性非齐次微分方程，由数学知识可知，其解由特解和齐次方程的通解组成。方程的特解为

$$u_C' = U_S$$

二阶齐次微分方程为 $LC\dfrac{\mathrm{d}^2u_C}{\mathrm{d}t^2} + RC\dfrac{\mathrm{d}u_C}{\mathrm{d}t} + u_C = 0 \quad (t \geqslant 0)$

其特征方程为 $LCP^2 + RCP + 1 = 0$

特征根为 $P_{1,2} = -\dfrac{R}{2L} \pm \sqrt{\left(\dfrac{R}{2L}\right)^2 - \dfrac{1}{LC}} = -\alpha \pm \sqrt{\alpha^2 - \omega_0^2}$

式中，$\alpha = \dfrac{R}{2L}$ 称为衰减系数；$\omega_0 = \dfrac{1}{\sqrt{LC}}$ 称为固有振荡角频率。

由上式可见，特征根由电路本身的参数 R、L、C 的数值来确定，反映了电路本身的固有特性。根据电路参数 R、L、C 数值的不同，特征根 P_1、P_2 有如下四种情况：

① 当 $\left(\dfrac{R}{2L}\right)^2 > \dfrac{1}{LC}$ 时，$R > 2\sqrt{\dfrac{L}{C}}$，P_1 和 P_2 为不相等的负实数，电路为过阻尼（非振荡）情况，其特征根为 $P_{1,2} = -\alpha \pm \sqrt{\alpha^2 - \omega_0^2}$

② 当 $\left(\dfrac{R}{2L}\right)^2 = \dfrac{1}{LC}$ 时，$R = 2\sqrt{\dfrac{L}{C}}$，P_1 和 P_2 为相等的负实数，其特征根为 $P_1 = P_2 = -\alpha$

③ 当 $\left(\dfrac{R}{2L}\right)^2 < \dfrac{1}{LC}$ 时，$R < 2\sqrt{\dfrac{L}{C}}$，P_1 和 P_2 为共轭复数，电路为欠阻尼情况，其特征根为 $P_1 = P_2 = -\alpha \pm \mathrm{j}\sqrt{\omega_0^2 - \alpha^2} = -\alpha \pm \mathrm{j}\omega_d$

式中，$\omega_d = \sqrt{\dfrac{1}{LC} - \left(\dfrac{R}{2L}\right)^2} = \sqrt{\omega_0^2 - \alpha^2}$ 称为阻尼振荡角频率。u_C 波形如图 7-28b 所示。

④ 当 $R = 0$ 时，P_1、P_2 为一对共轭虚根，电路为无阻尼情况，其特征根为 $P_{1,2} = \pm\mathrm{j}\omega_0$

响应的表达式为 $u_C(t) = A\sin(\omega_0 t + \varphi)$，式中 A 和 φ 直接由初始值条件确定，u_C 波形如图 7-28c 所示。

现仅讨论，当 $\left(\dfrac{R}{2L}\right)^2 > \dfrac{1}{LC}$，即 $R > 2\sqrt{\dfrac{L}{C}}$ 时，电路为过阻尼（非振荡）情况，特征根为 $P_{1,2} = -\alpha \pm \sqrt{\alpha^2 - \omega_0^2}$

二阶齐次微分方程的通解为 $u_C'' = A_1\mathrm{e}^{P_1 t} + A_2\mathrm{e}^{P_2 t}$

非齐次微分方程的通解则为 $u_C = u_C' + u_C'' = U_S + A_1\mathrm{e}^{P_1 t} + A_2\mathrm{e}^{P_2 t}$

积分常数 A_1 与 A_2 由电路的初始条件 $u_C(0_+)$ 和 $\dfrac{\mathrm{d}u_C}{\mathrm{d}t}\bigg|_{t=0_+}$ 决定。已知初始条件 $u_C(0_+) =$

$u_C(0_-) = U_0$, $i_L(0_+) = i_L(0_-) = 0$, $\left. \dfrac{\mathrm{d}u_C}{\mathrm{d}t} \right|_{t=0_+} = 0$, 则

$$\frac{\mathrm{d}u_C}{\mathrm{d}t} = P_1 A_1 \mathrm{e}^{P_1 t} + P_2 A_2 \mathrm{e}^{P_2 t}$$

将 $t=0_+$ 时的初始条件代入上式，得

$$\begin{cases} A_1 + A_2 = U_0 - U_S \\ A_1 P_1 + A_2 P_2 = 0 \end{cases}$$

联立求解此式，得

$$\begin{cases} A_1 = \dfrac{P_2}{P_2 - P_1}(U_0 - U_S) \\[3mm] A_2 = \dfrac{-P_1}{P_2 - P_1}(U_0 - U_S) \end{cases}$$

于是

$$u_C'' = \frac{U_0 - U_S}{P_2 - P_1} P_2 \mathrm{e}^{P_1 t} - \frac{U_0 - U_S}{P_2 - P_1} P_1 \mathrm{e}^{P_2 t}$$

$$= \frac{U_0 - U_S}{P_2 - P_1} (P_2 \mathrm{e}^{P_1 t} - P_1 \mathrm{e}^{P_2 t}) \qquad (t \geqslant 0)$$

因此得出二阶非齐次方程的通解为

$$u_C(t) = u_C' + u_C'' = U_S + \frac{U_0 - U_S}{P_2 - P_1}(P_2 \mathrm{e}^{P_1 t} - P_1 \mathrm{e}^{P_2 t}) \quad (t \geqslant 0) \tag{7-14}$$

则

$$i(t) = C\frac{\mathrm{d}u_C}{\mathrm{d}t} = \frac{U_0 - U_S}{L(P_2 - P_1)}(\mathrm{e}^{P_1 t} - \mathrm{e}^{P_2 t}) \quad (t \geqslant 0)$$

$$u_L(t) = L\frac{\mathrm{d}i}{\mathrm{d}t} = \frac{U_0 - U_S}{P_2 - P_1}(P_1 \mathrm{e}^{P_1 t} - P_2 \mathrm{e}^{P_2 t})$$

式(7-14)为 RLC 串联二阶电路全响应公式，当初始条件 $u_C(0_-) = 0$ 时，只有电源激励 U_S 作用时的响应为零状态响应；当电源激励 $U_S = 0$ 时，只有初始条件 $u_C(0_-) = U_0$ 作用时的响应为零输入响应。

例 7-16　在如图 7-29a 所示电路中，已知 $R = 5\Omega$，$L = 0.4\mathrm{H}$，$C = 0.1\mathrm{F}$，电源激励 $U_S = 5\mathrm{V}$，换路前电路处于稳态，$u_C(0_-) = 10\mathrm{V}$。

（1）$t = 0$ 时开关 S 闭合，求 $t \geqslant 0$ 时电容电压 u_C。

（2）若电源激励 $U_S = 0$，$t = 0$ 时开关 S 闭合再求电容电压 u_C。

解：（1）电路所求为全响应，已知 $R = 5\Omega$，而 $2\sqrt{\dfrac{L}{C}} = 2\sqrt{\dfrac{0.4}{0.1}} = 4\Omega$，所以，$R > 2\sqrt{\dfrac{L}{C}}$ 电路为非振荡过程。

特征根为 $P_1 = -\dfrac{R}{2L} + \sqrt{\left(\dfrac{R}{2L}\right)^2 - \dfrac{1}{LC}} = -2.6$

$$P_2 = -\frac{R}{2L} - \sqrt{\left(\frac{R}{2L}\right)^2 - \frac{1}{LC}} = -10$$

将已知条件 $u_C(0_-) = U_0 = 10\mathrm{V}$，$U_S = 5\mathrm{V}$ 及 P_1、P_2 代入公式(7-14)，求得电容电压

$$u_C(t) = U_S + \frac{U_0 - U_S}{P_2 - P_1}(P_2 e^{P_1 t} - P_1 e^{P_2 t})$$

$$= (5 + 6e^{-2.6t} - 1.7e^{-10t})V$$

（2）所求电路响应为零输入响应。将已知条件 $u_C(0_-) = 10V$，$U_S = 0$ 及 P_1、P_2 代入式 (7-14)，求得电容电压为

$$u_C(t) = \frac{U_0}{P_2 - P_1}(P_2 e^{P_1 t} - P_1 e^{P_2 t}) = (12e^{-2.6t} - 3.1e^{-10t})V$$

例 7-17 在如图 7-29a 所示 RLC 串联电路中 $R = 10\Omega$，$L = 1H$，$C = \frac{1}{9}F$，$U_S = 16V$，开关 S 在 $t = 0$ 时闭合，求零状态响应 $u_C(t)$。

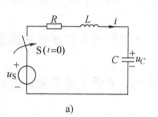 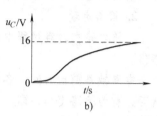

图 7-29 例 7-16 图

解：根据电路及元件的两种约束关系，$t \geq 0$ 时电路的微分方程为

$$LC \frac{d^2 u_C}{dt^2} + RC \frac{du_C}{dt} + u_C = U_S$$

由数学知识可知，常系数线性二阶非齐次微分方程的解由其特解和所对应的齐次方程的通解组成。解的形式根据特征根的不同情况分为过阻尼、欠阻尼、临界阻尼和无阻尼四种形式。

本题由已知条件得特征根为 $P_{1,2} = -\frac{R}{2L} \pm \sqrt{\left(\frac{R}{2L}\right)^2 - \frac{1}{LC}} = -5 \pm 4$

$$P_1 = -1, \quad P_2 = -9$$

故电路属于过阻尼情况，齐次微分方程的通解为

$$u_C'' = A_1 e^{P_1 t} + A_2 e^{P_2 t} = A_1 e^{-t} + A_2 e^{-9t}$$

非齐次微分方程的特解为

$$u_C' = U_S = 16V$$

于是得

$$u_C(t) = u_C' + u_C'' = 16 + A_1 e^{-t} + A_2 e^{-9t}$$

根据初始条件确定常数 A_1、A_2：

$$u_C(0_+) = 16 + A_1 + A_2 = 0$$

$$u_C'(0_+) = -A_1 - 9A_2 = -\frac{i(0_+)}{C} = 0$$

联立上两式，得

$$A_1 = -18, \quad A_2 = 2$$

故得出电路的零状态响应为

$$u_C(t) = (16 - 18e^{-t} + 2e^{-9t})V \quad (t \geq 0)$$

响应曲线如图 7-29b 所示。

本 章 小 结

由于电路中存在有储能元件,当电路发生换路时会出现过渡过程。

1. 动态电路

含有动态元件的电路称为动态电路。电路中包含一个动态元件电容 C 或电感 L 的电路为一阶动态电路。电路的输入、输出方程是以电压或电流为变量的微分方程。

2. 换路定理

一阶电路在过渡过程中电压、电流的变化规则是从换路后的初始值按指数规律变化到稳态值。

电路换路前后瞬间,各储能元件的能量不能跃变,具体表现在电感电流、电容电压不能跃变,称为换路定律,即

$$\begin{cases} i_L(0_+) = i_L(0_-) \\ u_C(0_+) = u_C(0_-) \end{cases}$$

利用换路定律和 $t = 0_+$ 时的等效电路,可求得电路中各电流、电压的初始值。

3. 时间常数 τ

过渡过程理论上要经历无限长时间才结束,实际的过渡过程长短可根据电路的时间常数 τ 来估算,一般认为当 $t = (3 \sim 5)\tau$ 时,电路的过渡过程结束。一阶 RC 电路 $\tau = RC$;一阶 RL 电路 $\tau = L/R$,τ 的单位为 s。τ 的大小反映了电路的参量,是电路由初始值变化到稳态值的 63.2% 所需的时间。

4. 经典法

经典法是求解过渡过程的基本方法,其主要步骤是:

① 根据换路后的电路列出电路的微分方程。

② 求微分方程的特解和通解。

③ 根据电路的初始条件,求出积分常数,从而得到电路的解。

5. 一阶电路的响应

(1) 一阶电路的零输入响应 零输入响应就是无电源一阶线性电路,在初始储能作用下产生的响应,其形式为 $f(t) = f(0_+) e^{-\frac{t}{\tau}}$ $(t \geq 0)$

式中,$f(0_+)$ 是响应的初始值,τ 是电路的时间常数,它是决定响应衰减快慢的物理量。

(2) 一阶电路的零状态响应 零状态响应就是电路初始状态为零时由输入激励产生的响应,其形式为 $f(t) = f(\infty)(1 - e^{-\frac{t}{\tau}})$ $(t \geq 0)$

式中,$f(\infty)$ 是响应的稳态值。

(3) 一阶电路的全响应 全响应就是初始状态不为零的电路在恒定输入直流激励下产生的响应。两种分解方式为

① $f(t) = f(0_+) e^{-\frac{t}{\tau}} + f(\infty)(1 - e^{-\frac{t}{\tau}})$ $(t \geq 0)$

全响应 = 零输入响应 + 零状态响应

② $f(t) = f(\infty) + [f(0_+) - f(\infty)] e^{-\frac{t}{\tau}}$ $(t \geq 0)$

全响应 = 稳态分量 + 暂态分量

（4）一阶电路的三要素法　一阶电路的响应 $f(t)$，由初始值 $f(0_+)$、稳态值 $f(\infty)$ 和时间常数 τ 三要素所确定，利用三要素公式可以简便地求解一阶电路在直流电源作用下的电路响应。三要素公式为

$$f(t) = f(\infty) + [f(0_+) - f(\infty)] e^{-\frac{t}{\tau}} \quad (t \geq 0)$$

计算响应变量的初始值 $f(0_+)$ 和稳态值 $f(\infty)$，分别用 $t = 0_+$ 电路和 $t = \infty$ 电路解出。作 $t = 0_+$ 电路时 $u_C(0_+)$ 和 $i_L(0_+)$ 分别视为电压源和电流源。作 $t = \infty$ 电路时，电容相当于开路，电感相当于短路。时间常数 τ 中的电阻 R 是动态元件两端电路的戴维南等效电路电阻。

6. 无电源二阶电路的零输入响应和直流二阶电路的零状态响应

由于特征根 P_1、P_2 取值的四种不同情况，二阶电路的响应分为过阻尼、临界阻尼、欠阻尼和无阻尼。

思考题与习题

7-1　试分别说明电容和电感元件在什么时候可看成开路，什么时候又可看成短路？

7-2　如图 7-30 所示电路的各电路均已稳定，已知 $E = 100V$，$R_1 = 20\Omega$，$R_2 = 80\Omega$，$R = 10\Omega$。求（1）开关闭合瞬时的各支路电流和各元件上的电压；（2）开关闭合电路达到新的稳定状态后，各支路电流和各元件上的电压。

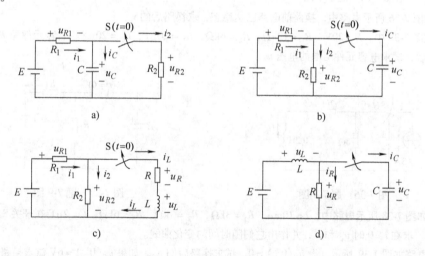

图 7-30　题 7-2 图

7-3　如图 7-31 所示各电路在换路前均已稳定，在 $t = 0$ 时换路，试求图中标出的各电压、电流的初始值。

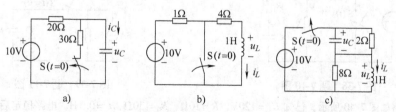

图 7-31　题 7-3 图

7-4 有一 RC 放电电路如图 7-32 所示，电容元件上电压的初始值 $u_C(0_+) = U_S = 20V$，$R = 10k\Omega$，放电开始经 0.01s 后，测得放电电流为 0.736mA，试问电容值 C 为多少？

7-5 如图 7-33 所示电路，已知 $U_S = 250V$，$R = 10k\Omega$，$C = 4\mu F$，电容原未充电，试求 S 闭合后要经过多长时间 u_C 才能达到 180V？

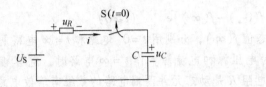

图 7-32 题 7-4 图   图 7-33 题 7-5 图

7-6 电路如图 7-34 所示，S 闭合前电路已稳定，已知 $U_S = 100V$，$R_1 = R_2 = 1M\Omega$，$C = 10\mu F$。试求 S 闭合后的 u_C 和流经电阻 R_2 的电流 i。

7-7 如图 7-35 所示电路中，换路前电路已达稳态，求换路后的 $u_C(t)$。

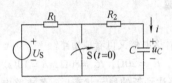 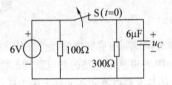

图 7-34 题 7-6 图   图 7-35 题 7-7 图

7-8 如图 7-36 所示电路中，换路前电路已达稳态，求换路后的 $i_L(t)$。

7-9 在图 7-37 中，$E = 20V$，$R_1 = 12k\Omega$，$R_2 = 6k\Omega$，$C_1 = 20\mu F$，$C_2 = 20\mu F$。电容元件原先均未储能。当开关闭合后，试求电容元件两端的电压 u_C。

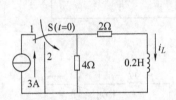 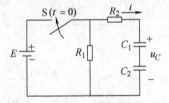

图 7-36 题 7-8 图   图 7-37 题 7-9 图

7-10 如图 7-38 所示电路中，$I = 10mA$，$R_1 = 3k\Omega$，$R_2 = 3k\Omega$，$R_3 = 6k\Omega$，$C = 2\mu F$ 在开关 S 闭合前电路已处于稳态。求在 $t \geq 0$ 时 u_C 和 i_1，并作出它们随时间的变化曲线。

7-11 电路如图 7-39 所示，设 $u_C(0_-) = 0$，试求换路后的 u_C。如果 $u_C(0_-) = 6V$ 试求换路后的 u_C。

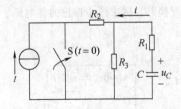 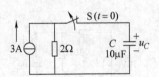

图 7-38 题 7-10 图   图 7-39 题 7-11 图

7-12 电路如图 7-40 所示，已知 $U_S = 120V$，$R = 10\Omega$，$R_0 = 30\Omega$，$L = 0.1H$。电路稳定后，将开关 S 闭合，求电路电流 i，并绘其波形。

7-13　在图 7-41 中，$U_S = 20V$，$R = 50k\Omega$，$C = 4\mu F$。在 $t = 0$ 时闭合 S_1，在 $t = 0.1s$ 时闭合 S_2，设 $u_C(0_-) = 0$。求 S_2 闭合后的电压 u_R。

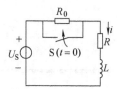

图 7-40　题 7-12 图

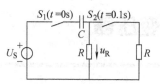

图 7-41　题 7-13 图

7-14　电路如图 7-42 所示，已知 $R_1 = R_2 = 1k\Omega$，$L_1 = L_2 = 10mH$，$I = 10mA$。求开关闭合后的电流 i（设线圈间无互感）。

7-15　电路如图 7-43 所示，换路前已处于稳态，试求换路后($t \geq 0$)的 u_C。

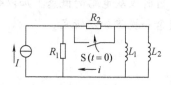

图 7-42　题 7-14 图

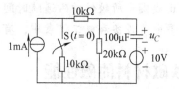

图 7-43　题 7-15 图

7-16　在图 7-44 中，$R_1 = 1\Omega$，$R_2 = R_3 = 2\Omega$，$L = 2H$，$U_S = 2V$。开关长时间合在 1 的位置。当将开关扳到 2 的位置后，试求电感元件中的电流及其两端电压。

7-17　电路如图 7-45 所示，试用三要素法求 $t \geq 0$ 时的 i_1、i_2 及 i_L。

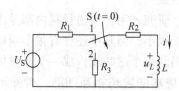

图 7-44　题 7-16 图

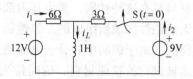

图 7-45　题 7-17 图

7-18　如图 7-46 所示电路中，已知 $U_S = 30V$，$C_1 = 0.2\mu F$，$R_1 = 100\Omega$，$C_2 = 0.1\mu F$，$R_2 = 200\Omega$，换路前电路处于稳态。试求 $t \geq 0$ 时的 i、u_{C1}、u_{C2}。

7-19　如图 7-47 所示电路，已知 $U_S = 80V$，$R_1 = R_2 = 10\Omega$，$L = 0.2H$，先闭合开关 S_1，经过 12ms 再将 S_2 闭合，求 S_2 闭合后再经历多少时间电流才能达到 5.66A？

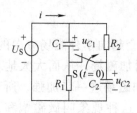

图 7-46　题 7-18 图

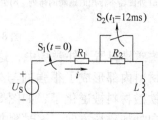

图 7-47　题 7-19 图

第 8 章

磁路与变压器

学习目标

电和磁是密不可分的。在电气设备和电工仪表中，存在着电与磁的相互联系，相互作用。这中间不仅有电路问题，还有磁路的问题。在互感耦合电路中，讨论了自感电压与互感电压，是由线圈中所铰链的磁通随时间变化而形成的，当时仅从电路的概念上加以分析。实际上在许多电气设备和电工仪表中，有必要对磁路的概念和规律加以研究。

8.1 铁磁材料的磁性能

1. 铁磁材料的磁化与磁化曲线

（1）铁磁材料的磁化 实验表明：将铁磁材料置于某磁场中，其磁性便会大大增强。这是由于铁磁材料在外加磁场的作用下，产生一个与外磁场同方向的附加磁场，由于附加磁场与外磁场相加，使其总磁场大大增强，这种现象叫做磁化。

铁磁材料具有这种性质，是由其内部结构决定的。研究表明：铁磁材料内部是由许多称作磁畴的天然磁性区域所组成的。显然每个磁畴的体积很小，但其中还含有很多叫做磁分子的分子电流圈，由于磁畴中的分子电流圈排列整齐，因此每个磁畴就构成一个永磁体，具有磁性。但未被磁化的铁磁材料，磁畴排列紊乱，各个磁畴的磁场相互抵消，对外不呈现磁性，如图 8-1a 所示。

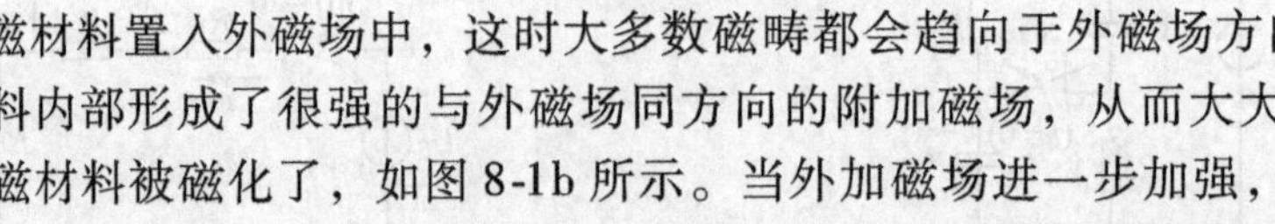

a) 外磁场不作用时磁畴的排列　b) 外磁场作用时磁畴的排列　c) 外磁场全作用时磁畴的排列

图 8-1　铁磁材料的磁化

如果把铁磁材料置入外磁场中，这时大多数磁畴都会趋向于外磁场方向的规则排列，因而在铁磁材料内部形成了很强的与外磁场同方向的附加磁场，从而大大地增强了磁感应强度，即铁磁材料被磁化了，如图 8-1b 所示。当外加磁场进一步加强，所有磁畴的方向都几乎转向外加磁场方向，这时附加磁场不再加强，这种现象叫做磁饱和，如图 8-1c 所示。

非铁磁性物质(如铅、铜、木等)，由于没有磁畴结构，所以磁化程度很微弱。

铁磁材料具有很强的磁化作用，因而具有良好的导磁性能，广泛用于电气设备和电工仪表中，如电机、变压器和电磁铁等。利用铁磁材料的磁化特性，可以使这些设备体积小，重量轻，结构简单，成本降低。因此，铁磁材料对电气设备的性能影响很大。

（2）磁化曲线　不同种类的铁磁性物质，其磁化性能是不同的。工程上常用磁化曲线表示各种铁磁性物质的磁化特性。磁化曲线是铁磁性物质的磁感应强度 B 与外磁场的磁场强度 H 之间的关系曲线，所以又叫 B-H 曲线。铁磁性物质的磁化曲线可用实验测定。测量铁磁性物质磁化曲线的装置如图 8-2 所示。

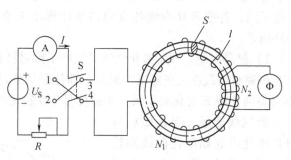

图中右边的圆环是用待测铁磁材料制成的截面均匀的环形铁心，其截面积为 S，环形铁心平均长度为 l，铁心上绕有匝数为 N_1 的励磁线圈和匝数为 N_2 的测量线圈。励磁线圈均匀地分布在铁心上，励磁线圈通过双刀双掷开关 S 接至直流电源 U_S 上，测量线圈接于磁通计上。

图 8-2　B-H 曲线测量电路

由于磁感应强度 $B = \Phi/S$，磁场强度 $H = IN/l$，因此实验时，合上开关 S，使励磁线圈中通入电流 I，以建立磁场。利用电流表和磁通计分别测出励磁电流 I 和铁心中的磁通 Φ。利用上述两公式计算出 B 和 H。调节可变电阻 R，改变励磁电流 I，可以测得不同的磁通 Φ，进而计算出一系列对应的 B 和 H 值。以 B 为纵坐标，H 为横坐标，描点作图，可绘出 B-H 曲线，如图 8-3 所示。

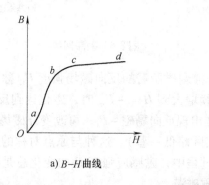

a) B-H 曲线

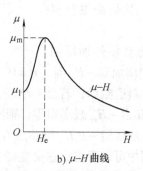

b) μ-H 曲线

图 8-3　起始磁化曲线

1）起始磁化曲线。实验前铁心处于未磁化状态（即 $B = 0$、$H = 0$），调节励磁电流 I，使之由零开始逐渐增大，直至铁心达到饱和状态。从零开始测出每次调节后的 I 和 Φ，计算出对应的 B 和 H，画出 B-H 曲线，如图 8-3a 所示。从未磁化到饱和磁化的这段磁化曲线 od 称为铁磁性材料的起始磁化曲线。起始磁化曲线大体上可分为四段，下面分别加以分析：

① oa 段：由于磁畴的惯性，当 H 增加时，B 不能立即上升很快，曲线较平缓，但时间很短，所以曲线很短，称为起始磁化段。

② ab 段：进入 ab 段后，随着 H 的增大，由于磁畴在外磁场作用下，都趋向 H 的方向，B 增加很快，曲线很陡，称为直线段。

③ bc 段：由于大部分磁畴方向已转向 H 方向，随着 H 增加，只有少数磁畴继续转向，B 增加变慢，曲线变缓，形成膝部。

④ c 点以后：由于磁畴几乎全部趋向 H 方向，随着 H 增加，B 几乎不增加，此段称为饱和阶段，这时铁心的磁化达到了饱和状态。

2）磁导率曲线。由实验测得的 B 和 H 值可以求得对应的磁导率 $\mu = B/H$，从而得到 μ 和 H 的对应关系，这样便可画出 μ-H 曲线，如图 8-3b 所示。μ-H 曲线称为磁导率曲线。

因为铁磁性物质的 B 和 H 的关系为非线性关系，所以铁磁性物质的磁导率是一个变量，上式应改写为 $\mu = \Delta B/\Delta H$。在 B-H 曲线中，a、b、c 各点的斜率是不同的，即各点的 μ 也不同，若把 B-H 曲线各点的斜率计算出来绘成曲线，也即为 μ-H 曲线的形状，如图 8-3b 所示。

3）磁滞回线。起始磁化曲线只反映了铁磁材料在外磁场（H）由零逐渐增加的磁化过程。若把铁磁材料放在交变磁场中磁化，即使磁场强度 H 从零→H_m→零→$-H_m$→零之间变化，则会得到 B 随 H 变化的关系。实验表明交变磁化的曲线是一个回线，如图 8-4a 所示。

此回线表示：当铁磁材料开始磁化沿起始磁化曲线到达 N 点后，若 H 减小，则 B 沿 NB_r 曲线下降，当 $H = 0$ 时，B 并不等于零，而保留一定的值，即 $B = B_r$。这是因为外磁场消失，但磁畴不能恢复原状，B_r 称为剩磁。这种 B 变化落后于 H 的变化现象，就是铁磁材料的剩磁现象。

要去掉剩磁必须外加反向

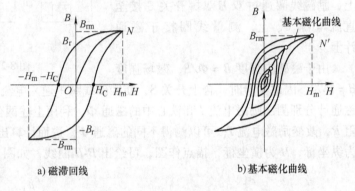

a) 磁滞回线　　　b) 基本磁化曲线

图 8-4　磁滞回线

磁场，当 H 反向增加到 $-H_C$ 时，$B = 0$，去掉剩磁所需的反向磁场强度 H_C 称为铁磁材料的矫顽力。铁磁材料退磁后，若反向磁场继续增大到 $H = -H_m$ 时，磁化达到反向饱和，$B = -B_{rm}$；若再把 H 由 $-H_m$ 减小到零，则同样出现反向剩磁 $-B_r$，再改变外磁场的方向，即 H 由零正向增加，曲线沿 $-B_rH_C$ 到达点 N（实际略低一些）。这种与原点对称的闭合曲线叫做磁滞回线。从图中可以看出，在交变磁化过程中，磁感应强度 B 的变化总是滞后于磁场强度 H 的变化，这种现象称为磁滞现象，简称磁滞。

4）基本磁化曲线。对同一铁磁材料，取不同的 H_m 反复磁化，将得到一系列磁滞回线，如图 8-4b 所示。各磁滞回线的顶点联成的曲线 ON' 称为基本磁化曲线，简称磁化曲线。工程上常用基本磁化曲线进行磁路计算。

另外，铁磁材料在反复磁化时，磁畴反复改变方向，使磁体内部分子振动加剧，温度增高，要消耗一定能量并转变为（有害）热能，这种能量损失叫磁滞损失，反复磁化一周所损失的能量与磁滞回线所包围的面积成正比。

图 8-5 中给出了几种软磁材料的基本磁化曲线，供本书有关计算使用。

2. 铁磁材料的磁性能

观察铁磁材料的磁化曲线可知，铁磁材料具有下述磁性能：

1）高导磁性：在一定的温度范围内，铁磁材料的磁导率 μ 很大，其值为真空磁导率 μ_0 的数百、数千乃至数万倍。也就是说，在相同的磁化场的作用下，铁磁材料中的磁感应强度

B 要比真空或空气中的磁感应强度 B_0 大得多。

2）剩磁性：铁磁材料经磁化后，若励磁电流降低为零，铁磁材料中仍能保留一定的剩磁。

3）磁饱和性：铁磁材料中的磁感应强度不会随外磁场的增强而无限地增大。当磁化场的磁场强度 H 增大到一定数值后，若 H 再增大，则磁感应强度几乎不再增大，磁化达到饱和状态。由于铁磁材料具有磁饱和特性，因而铁磁材料的 B 与 H 之间呈非线性关系，所以铁磁材料的磁导率 μ 不是常数。

4）磁滞性：在交变磁化过程中，从正向饱和磁化状态到反向饱和磁化状态的磁化曲线与从反向饱和磁化状态到正向饱和磁化状态的磁化曲线不重合，B 的变化总是滞后 H 的变化。所以铁磁材料具有磁滞性，

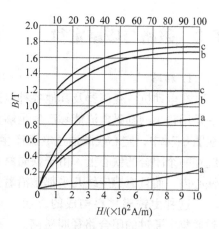

图 8-5　几种软磁材料的基本磁化曲线
a—铸铁　b—铸钢　c—硅钢片

即铁磁材料的磁感应强度 B 与磁场强度 H 之间不是单值函数关系；当外磁场停止作用（$H=0$）时，铁磁质中仍保留剩余磁感应强度（$B=B_r$）。

3. 铁磁材料的类型和用途

铁磁材料按其磁滞回线形状的不同可分为三种类型：

（1）软磁材料　矫顽力 H_C 小于 10^3A/m 的铁磁材料叫做软磁材料。软磁材料的特点是：具有较小的矫顽力，磁滞回线狭长，磁滞损耗小。软磁材料的磁滞回线，如图 8-6a 所示。软磁材料一般用来制造电机、变压器的铁心。常用的有：硅钢、坡莫合金及铁氧体等。铁氧体在电子技术中应用很广泛，例如可作计算机的磁心、磁鼓及录音机的磁带、磁头等。

（2）硬磁材料　矫顽力 H_C 大于 10^4A/m 的铁磁材料叫做硬磁材料，又称永磁材料。硬磁材料的特点是：具有较大的矫顽力，剩磁大，磁滞回线较宽，磁滞损耗大。硬磁材料的磁滞回线，如图 8-6b 所示。硬磁材料一般用来制造永久磁铁。常用的有碳钢、钴钢及铁镍铝钴合金等。

（3）矩磁材料　具有较小的矫顽力和较大的剩磁，磁滞回线接近矩形，矩磁材料的磁滞回线，如图 8-6c 所示。这种材料稳定性好，在计算机和控制系统中可作记忆元件、开关元件和逻辑元件，如镁锰铁氧体及铁镍合金等。

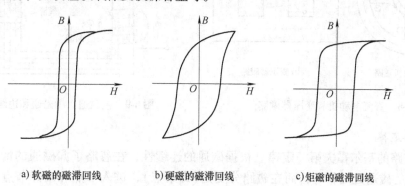

a) 软磁的磁滞回线　　b) 硬磁的磁滞回线　　c) 矩磁的磁滞回线

图 8-6　铁磁材料的类型

8.2 磁路与磁路定律

1. 磁路

在电动机、变压器及其他各种电磁器件中，常用铁磁材料做成一定形状的铁心。其目的一是用较小的励磁电流能够产生足够大的磁通；二是将磁通限定在一定的范围之内。例如，在图8-7a 中，空心线圈通过电流产生的磁场弥散在线圈周围的整个空间。若把同样的线圈绕在一个闭合的铁心上，由于铁磁材料的优良导磁性能，电流所产生的磁通基本上都局限在铁心内，而且磁感应线几乎都是沿着铁心形成闭合回路，如图8-6b 所示。

这种由铁磁材料构成的，让磁通集中通过的闭合路径叫磁路。图8-8 分别给出了直流电动机和单相变压器磁路结构图，虚线表示磁路。与电路相似，磁路也有节点、支路和回路。磁路的分支处称为磁路的节点，连接在两节点之间的部分称为磁路的支路，磁路中有若干支路所组成的闭合

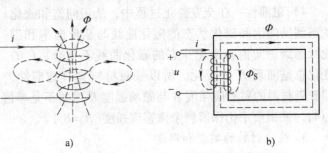

a)   b)

图 8-7 空心线圈的磁场和单相变压器磁路

路径称为磁路中的回路。只有一个闭合回路的磁路称为无分支磁路，如图 8-7b 所示，具有分支的磁路称为分支磁路，如图8-8 所示。

虽然利用铁磁材料可以使磁通约束在铁心范围内，但由于制造和结构上的原因，磁路中常会含有空气隙，使极少数磁力线扩散出去造成所谓的边缘效应，如图8-9 所示。另外，还会有少量磁力线不经过铁心而经过空气形成磁回路，这种磁通称为漏磁通。漏磁通相对主磁通来说，所占比例很小，所以一般可忽略不计。

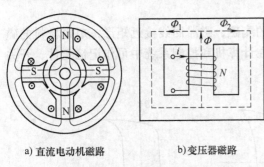

a) 直流电动机磁路   b)变压器磁路

图 8-8 直流电动机和变压器磁路

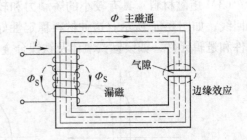

图 8-9 主磁通、漏磁通和边缘效应

2. 磁路定律

（1）磁路的基尔霍夫第一定律 根据磁通的连续性，在忽略了漏磁通的情况下，磁路一条支路中的磁通处处相等，而在磁路分支处（即节点），进入节点和离开节点的磁通的代数和为零，即

$$\sum \Phi = 0 \tag{8-1}$$

这就是磁路基尔霍夫第一定律的表达式。如图 8-10 所示，对于节点 A，若把进入节点的磁通取正号，离开节点的磁通取负号，则

$$\Phi_1 + \Phi_2 - \Phi_3 = 0$$

此式表明：磁路的任一节点所连各支路磁通的代数和等于零。

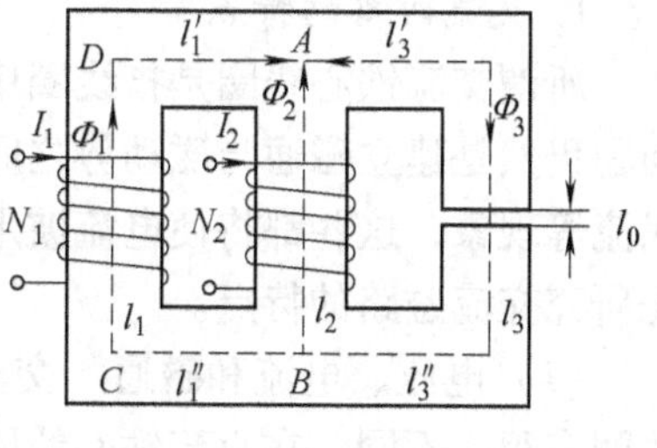

（2）磁路的基尔霍夫第二定律　在磁路计算中，为了找出磁通和励磁电流之间的关系，必需应用安培环路定律：

$$\oint H\mathrm{d}l = \sum I$$

对图 8-10 所示的 $ABCDA$ 回路，可以得出

$$H_1 l_1 + H_1' l_1' + H_1'' l_1'' - H_2 l_2 = I_1 N_1 - I_2 N_2$$

图 8-10　磁路示意图

上式的符号规定如下：当某段磁通的参考方向（即 H 的方向）与回路的参考方向一致时，则该段的 Hl 取正号，否则取负号；励磁电流的参考方向与回路的绕行方向符合右手螺旋定则时，对应的 IN 取正号，否则取负号。

一般地，对磁路的任一闭合回路，可得到

$$\sum (Hl) = \sum (IN) \tag{8-2}$$

此式就是磁路的基尔霍夫第二定律。为了和电路相对应，把公式（8-2）右边的 IN 称为磁动势，简称磁势。它是磁路产生磁通的原因，用 F_m 表示，单位为安。等式左边的 Hl 可以看成是磁路在每一段上的磁压降，用 U_m 表示。所以磁路的基尔霍夫第二定律也可以叙述为：磁路沿着闭合回路的磁压降 U_m 的代数和等于磁动势 F_m 的代数和，即

$$\sum U_\mathrm{m} = \sum F_\mathrm{m} \tag{8-3}$$

（3）磁路欧姆定律　设一段均匀磁路的截面积为 S，长度为 l，铁磁材料的磁导率为 μ，通过横截面的磁通为 Φ，而每一分段中均有 $B = \mu H$，即 $\Phi/S = \mu H$，所以

$$\Phi = \mu HS = \frac{Hl}{l/\mu S} = \frac{U_\mathrm{m}}{l/\mu S} = \frac{U_\mathrm{m}}{R_\mathrm{m}} \tag{8-4}$$

此式叫做磁路欧姆定律。式中，$U_\mathrm{m} = Hl$ 是磁压降，在 SI 单位制中，U_m 的单位为 A，$R_\mathrm{m} = \dfrac{l}{\mu s}$ 为磁路的磁阻，R_m 的单位为 1/H，则 Φ 的单位为 Wb。

由上述分析可知，磁路与电路有许多相似之处，磁路定律是电路定律的推广。各物理量和定律是一一对应的，如表 8-1 所示。但应注意，磁路和电路具有本质的区别，绝不能混为一谈。

表 8-1　磁路与电路的对比

电路	电动势 E	电流 I	电阻 R	电压 U	电路基尔霍夫第一定律 $\sum I = 0$	电路基尔霍夫第二定律 $\sum U = \sum E$
磁路	磁动势 F	磁通 Φ	磁阻 R_m	磁压 U_m	磁路基尔霍夫第一定律 $\sum \Phi = 0$	磁路基尔霍夫第二定律 $\sum U_\mathrm{m} = \sum F_\mathrm{m}$

8.3 交流铁心线圈及电路模型

1. 交流磁路的特点

所谓交流铁心线圈是指线圈中加入铁心，并在线圈两端加正弦电压。而交流磁路的基本问题仍然是建立磁通与磁动势之间的关系。但和直流磁路不同，由于存在着磁饱和、磁滞和涡流等现象，这些都将使电流波形发生畸变；另外，磁通还与外加电压有关。为此，必须首先研究交流磁路的特点。

（1）电压、电流和磁通　交流铁心线圈是用交流电来励磁的，其电磁关系与直流铁心线圈有很大不同。在直流铁心线圈中，因为励磁电流是直流，其磁通是恒定的，在铁心和线圈中不会感应电动势；而交流铁心线圈的电流是变化的，变化的电流会产生变化的磁通，于是会产生感应电动势，电路中电压、电流关系也与磁路情况有关。影响交流铁心线圈工作的因素有铁心的磁饱和、磁滞、涡流、漏磁通和线圈电阻等。其中，磁饱和、磁滞和涡流的影响最大，下面分别加以讨论。

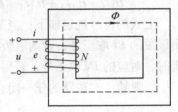

图 8-11　交流铁心线圈各电磁量参考方向

若电压为正弦量，在忽略线圈电阻及漏磁通时，选择线圈电压、电流、磁通及感应电动势的参考方向如图 8-11 所示。

在图 8-11 中有

$$u(t) = -e(t) = \frac{\mathrm{d}\Psi(t)}{\mathrm{d}t} = N\frac{\mathrm{d}\Phi(t)}{\mathrm{d}t}$$

式中，N 为线圈匝数。

在上式中，若电压为正弦量时，磁通也为正弦量。

设 $\Phi(t) = \Phi_m\sin\omega t$，则有

$$u(t) = -e(t) = N\frac{\mathrm{d}\Phi(t)}{\mathrm{d}t} = N\frac{1}{\mathrm{d}t}\mathrm{d}(\Phi_m\sin\omega t) = \omega N\Phi_m\sin\left(\omega t + \frac{\pi}{2}\right) \tag{8-5}$$

可见，电压的相位比磁通的相位超前 90°，并且电压及感应电动势的有效值与主磁通的最大值关系为

$$U = E = \frac{\omega N\Phi_m}{\sqrt{2}} = \frac{2\pi f N\Phi_m}{\sqrt{2}} = 4.44 f N\Phi_m \tag{8-6}$$

式(8-6)是一个重要公式，它表明：当电源的频率及线圈匝数一定时，若线圈电压的有效值不变，则主磁通的最大值 Φ_m（或磁感应的强度最大值 B_m）不变；线圈电压的有效值改变时，Φ_m 与 U 成正比变化，而与磁路情况（如铁心材料的导磁率、气隙的大小等）无关。

考虑交流铁心线圈的电流时，$i(t)$ 和 Φ 不是线性关系，也就是说磁通正弦变化时，电流不是正弦变化的。因为在略去磁滞和涡流影响时，铁心材料的 B-H 曲线即是基本磁化曲线，电流波形的失真主要是由磁化曲线的非线性造成的。

$i(t)$ 的非正弦波形中含有奇次谐波，其中以三次谐波的成分最大，其他高次谐波成分可忽略不计。有谐波成分会给分析计算带来不便。所以实用中，常将交流铁心线圈电流的非正弦波用正弦波近似地代替，以简化计算，这种简化忽略了各种损耗。

（2）磁滞和涡流的影响　交流铁心线圈在考虑磁滞和涡流时，除了电流的波形畸变严重外，还会引起能量的损耗，分别叫做磁滞损耗和涡流损耗。产生磁滞损耗的原因是由于磁畴在交流磁场的作用下反复转向，引起铁磁物质内部的摩擦，这种摩擦会使铁心发热。产生涡流损耗是由于交变磁通穿过块状导体时，在导体内部会产生感应电动势，并形成旋涡状的感应电流（涡流），这个电流通过导体自身电阻时会消耗能量，结果也是使铁心发热。

理论和实践证明，铁心的磁滞损耗 P_Z 和涡流损耗 P_W 可分别由下式计算

$$P_Z = K_Z f B_m^n V \tag{8-7}$$

$$P_W = K_W f^2 B_m^2 V \tag{8-8}$$

式中，f 为磁场每秒交变的次数（即频率），单位为 Hz；B_m 为磁感应强度的最大值，单位为 T。n 为指数，由 B_m 的范围决定，当 $0.1T < B_m < 1.0T$ 时，$n \approx 1.6$；当 $0T < B_m < 0.1T$ 和 $1T < B_m < 1.6T$ 时，$n \approx 2$。V 为铁磁物质的体积，单位为 m^3。K_Z、K_W 为与铁磁物质性质结构有关的系数，由实验确定。

实际工程应用中，为降低磁滞损耗，常选用磁滞回线较狭长的铁磁性材料制造铁心，如硅钢就是制造变压器、电动机的常用铁心材料，其磁滞损耗较小。为了降低涡流损耗，常用的方法有两种：一种是选用电阻率大的铁磁材料，如无线电设备中就选择电阻率很大的铁氧体，而电动机、变压器则选用导磁性好、电阻率较大的硅钢；另一种方法是设法提高涡流路径上的电阻值，如电动机、变压器是用片状硅钢片且两面涂绝缘漆。

交流铁心线圈的铁心既存在磁滞损耗，又存在涡流损耗，在电动机、电器的设计中，常把这两种损耗合称为铁损 P_{Fe}，即

$$P_{Fe} = P_Z + P_W \tag{8-9}$$

在工程手册上，一般给出"比铁损"（P_{Fe0}，W/kg），它表示每千克铁心的铁损瓦值。例如，设计一个交流铁心线圈的铁心，使用了 G(kg) 的某种铁磁材料。如从手册上查出某种铁磁材料的比铁损 P_{Fe0} 值，则该铁心的总铁损为 $P_{Fe0} \times G$(W)。

2. 铁心线圈的电路模型

（1）直流模型　在直流稳态下，线圈中没有感应电压产生，铁心内也没有磁滞损失和涡流损失，即磁路对电路没有影响，所以电压和电流的关系很简单，即 $I = \dfrac{U}{r}$。其中 U 为线圈两端的直流电压，r 为线圈的电阻。在直流稳态电路里，铁心线圈仅相当于一个电阻而已。

（2）交流模型　对于交流，因为有感应电压产生，由于磁滞现象和涡流现象等，磁路对电路的影响很大，所以铁心线圈的电压与电流关系比较复杂。通过对交流磁路特点的分析，可知励磁电流为

$$i = i_a + i_M$$

式中，i_a 为铁损电流，i_M 为磁化电流，由此便可建立交流铁心线圈的电路模型。

1）不考虑线圈电阻及漏磁通的电路模型。当不考虑线圈电阻及漏磁通时，其电路模型如图 8-12a 所示。其中，G_0 是对应铁损的电导，其电流即铁损电流 $\dot{I}_a = G_0 \dot{U}$，为励磁电流 $\dot{I}$ 的有功分量；B_0 是对应于磁化电流的感纳，其电流即磁化电流 $\dot{I}_M = -j B_0 \dot{U}$，为 $\dot{I}$ 的无功分量。G_0、B_0 分别叫做励磁电导与励磁感纳，而励磁电流

$$\dot{I} = \dot{I}_a + \dot{I}_M = (G_0 - j B_0) \dot{U} = Y_0 \dot{U}$$

其中，$Y_0 = G_0 - j B_0$ 称为励磁复导纳。G_0、B_0 与 U 的关系分别为

$$G_0 = \frac{I_a}{U} \qquad B_0 = \frac{I_M}{U}$$

并联的 G_0、B_0 又可等效变换为 R_0、X_0 串联的，于是又可用如图 8-12b 所示电阻、电感的串联组合作为交流等效电路，并有

$$Z_0 = R_0 + jX_0 = \frac{1}{Y_0} = \frac{1}{G_0 - jB_0}$$

其中 R_0、X_0、Z_0 分别叫做励磁电阻、励磁感抗和励磁复阻抗。

需要指出的是，由于铁磁材料 B-H 曲线的非线性使得其磁导率随磁场而变化，因而铁心线圈的等效电感是非线性的，G_0、B_0、R_0、X_0 这些参数在不同的线圈电压下有不同的值。

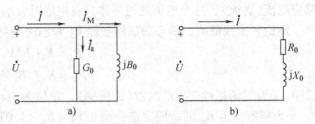

图 8-12　电路模型

例 8-1　将一个匝数为 $N = 100$ 匝的铁心线圈接到电压 $U_S = 220\text{V}$ 的工频正弦电压源上，测得线圈电流 $I = 4\text{A}$，功率 $P = 100\text{W}$。不计线圈电阻及漏磁通，试求(1)主磁通的最大值 Φ_m；(2)铁损电流 I_a 和磁化电流 I_M；(3)并联电路模型的 Y_0。

解：　(1)由式(8-6)得　$\Phi_m = \dfrac{U}{4.44 f N} = \dfrac{220}{4.44 \times 50 \times 100}\text{Wb} = 9.91 \times 10^{-3}\text{Wb}$

(2)　$I_a = \dfrac{P_a}{U} = \dfrac{100}{220}\text{A} = 0.455\text{A}$

$$I_M = \sqrt{I^2 - I_a^2} = \sqrt{4^2 - 0.455^2}\text{A} = \sqrt{15.793}\text{A} = 3.974\text{A}$$

(3)　$G_0 = \dfrac{I_a}{U} = \dfrac{0.455}{220}\text{S} = 2.07 \times 10^{-3}\text{S}$

$$B_0 = \frac{I_M}{U} = \frac{3.974}{220}\text{S} = 18.06 \times 10^{-3}\text{S}$$

$$Y_0 = G_0 - jB_0 = (2.07 - j18.06) \times 10^{-3}\text{S}$$

2) 考虑线圈电阻与漏磁通时的电路模型。电路模型如图 8-13a、b 所示，其中 r 为线圈电阻，它是一个常数；X_S 是反映漏磁通的电抗，这也是一个常数。应当注意的是，图中 $\dot{U}$ 为外加的电源电压，而 $\dot{U}'$ 才是主磁通的感应电压，且 $\dot{U} = (r + jX_S)\dot{I} + \dot{U}'$。图 8-13c 为电压与电流的相量图。

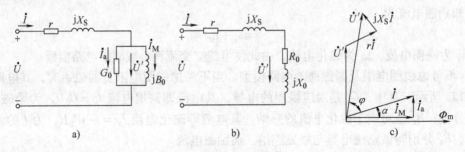

图 8-13　电路模型

8.4　理想变压器

变压器的工作是基于互感原理，它是利用磁场来完成电能的传递和电压的改变。而理想变压器是指忽略铁心损耗。一次和二次绕组电阻都等于零，且全耦合（即无漏磁通）的变压器，它是实际变压器的理想化模型。对于实际变压器的问题，可以在理想变压器的基础上考虑上述各损失，便可得到解决。理想变压器和铁心变压器的电路模型如图 8-14 所示。

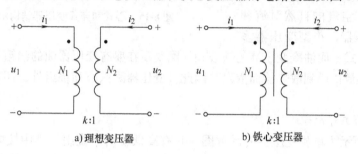

　　a)理想变压器　　　　　　　　　b)铁心变压器

图 8-14　变压器电路模型

1. 变压器的用途、分类和基本结构

变压器具有变换电压、电流和阻抗的功能，它在电力系统和电子电路中得到广泛的应用。

（1）变压器的用途和分类　在电力系统中，传输电能的变压器称为电力变压器。它是电力系统中的重要设备，在远距离输电中，当输送一定功率时，输电电压越高，则电流越小，输电导线截面、线路的能量及电压损失也越小，为此大功率远距离输电，都将输电电压升高。而用电设备的电压又较低，为了安全可靠用电，又需把电压降下来。因此，变压器对电力系统的经济输送、灵活分配及安全用电有着极其重要的意义。

在电子线路中，常常需要一种或几种不同电压的交流电，因次变压器作为电源变压器将电网电压转换为所需的各种电压。除此之外，变压器还用来变流、耦合、传送信号和实现阻抗匹配等。

变压器的种类很多，按交流电的相数不同，一般分为单相变压器和三相变压器；按用途可分为输配电用的电力变压器，局部照明和控制用的控制变压器，用于平滑调压用的自耦变压器，电加工用的电焊变压器和电炉变压器，测量用的仪用互感器以及电子线路和电子设备中常用的电源变压器、耦合变压器、输入/输出变压器和脉冲变压器等。

（2）变压器的基本结构

变压器的种类很多，结构形状各异，用途也各不相同，但其基本结构和工作原理却是相同的。变压器的主要结构是铁心和绕组及其他零部件。

1）铁心：铁心是变压器的磁路部分，为了减少铁心的损耗，铁心通常用厚度为 0.35mm 或 0.5mm 两平面涂有绝缘漆或经氧化膜处理的硅钢片叠装而成。按绕组套入铁心的形式不同，变压器分为心式和壳式两种，如图 8-15 所示。

2）绕组：绕组是变压器的电路部分，一般用高强度漆包铜线绕制而成。接高压的绕组称高压绕组，接低压的绕组称低压绕组，根据高低压绕组的相对位置，可分为同心式和交叠式两种不同的排列方法。

3）油箱和其他零部件：变压器在运行中，由于线圈的铜损耗和铁心的铁损耗要产生热量，因此稍大容量的变压器还需冷却散热。根据冷却方式的不同，变压器可分为自冷式(也称干式)和油冷式两种。干式变压器主要靠空气的自然对流和辐射来冷却变压器，小型变压器多采用这种冷却方式；而油冷变压器的铁心和线圈要浸在盛有变压器油的油箱中，它靠油的对流和传导，把热量传递到散热器而散发。因此，变压器除铁心和绕组外，还有油箱和其他零部件。

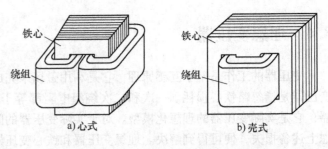

图 8-15 心式和壳式变压器结构示意图

2. 变压器的工作原理

如图 8-16 所示为单相变压器的示意图。它有高低压两个绕组，其中接电源的绕组称为一次绕组，匝数为 N_1，其电压、电流、电动势分别用 u_1、i_1、e_1 表示；与负载相接的绕组称为二次绕组，匝数为 N_2，其电压、电流、电动势分别用 u_2、i_2、e_2 表示，图中标明的是它们的参考方向。由于铁心的磁导率 μ 很高，一般可认为磁通全部局限于铁心中，并与全部线匝交链。当开关 S 打开时，变压器处于空载运行；当开关 S 闭合时，变压器处于负载运行。为了便于分析，在此把它们分为变压、变流、变阻抗三种情况来讨论。

（1）变压器的变压原理(变压器的空载运行) 变压器的空载运行是指一次绕组接在正弦交流电源 u_1 上，副绕组开路不接负载($i_2 = 0A$)，如图 8-17 所示。

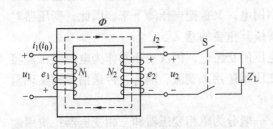

图 8-16 单相变压器的示意图

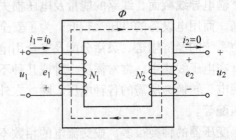

图 8-17 变压器的空载运行

在 u_1 作用下，一次绕组中有电流 i_1 通过，此时 $i_1 = i_0$ 称为空载电流，它在一次侧建立磁动势 $i_0 N_1$，在铁心中产生同时交链着一次、二次绕组的主磁同 Φ，则根据电磁感应定律有

$$e_1 = -N_1 \frac{\mathrm{d}\Phi}{\mathrm{d}t}$$

$$e_2 = -N_2 \frac{\mathrm{d}\Phi}{\mathrm{d}t} \tag{8-10}$$

由于 u_1 是按正弦规律变化的，所以主磁同 Φ 也会按正弦规律变化。设 $\Phi = \Phi_\mathrm{m}\sin\omega t$，则有

$$e_1 = -N_1 \frac{\mathrm{d}\Phi}{\mathrm{d}t} = -N_1 \frac{\mathrm{d}}{\mathrm{d}t}\Phi_\mathrm{m}\sin\omega t = -N_1\omega\Phi_\mathrm{m}\cos\omega t = E_\mathrm{m1}\sin\left(\omega t - \frac{\pi}{2}\right)$$

$$e_2 = -N_2\frac{\mathrm{d}\Phi}{\mathrm{d}t} = -N_2\frac{\mathrm{d}}{\mathrm{d}t}\Phi_{\mathrm{m}}\sin\omega t = -N_2\omega\Phi_{\mathrm{m}}\cos\omega t = E_{\mathrm{m2}}\sin\left(\omega t - \frac{\pi}{2}\right)$$

感应电动势的有效值分别为

$$E_1 = \frac{E_{\mathrm{m1}}}{\sqrt{2}} = \frac{N_1\omega\Phi_{\mathrm{m}}}{\sqrt{2}} = \frac{2\pi f}{\sqrt{2}}N_1\Phi_{\mathrm{m}} = 4.44f N_1\Phi_{\mathrm{m}}$$

$$E_2 = \frac{E_{\mathrm{m2}}}{\sqrt{2}} = \frac{N_2\omega\Phi_{\mathrm{m}}}{\sqrt{2}} = \frac{2\pi f}{\sqrt{2}}N_2\Phi_{\mathrm{m}} = 4.44f N_2\Phi_{\mathrm{m}} \tag{8-11}$$

由于一次、二次绕组本身阻抗很小，可以近似认为 $U_1 \approx E_1$，$U_2 \approx E_2$，所以理想变压器的变压关系式为：

$$\frac{U_1}{U_2} \approx \frac{E_1}{E_2} = \frac{N_1}{N_2} = k \tag{8-12}$$

此式表明：变压器一次电压和二次电压之比近似等于一次绕组和二次绕组的匝数之比，式中 k 称为变压比，它等于一次绕组与二次绕组的匝数比，是一个常数。

可以看出，当 N_2 大于 N_1 时，$k<1$，则 U_2 大于 U_1，此时为升压变压器；反之当 N_1 大于 N_2 时，$k>1$，则 U_2 小于 U_1，此时为降压变压器。

（2）变压器的变流原理（变压器的负载运行）　变压器的一次绕组接在正弦交流电源 u_1 上，二次绕组接上负载的运行情况，成为变压器的负载运行，如图 8-18 所示。

接上负载后，二次绕组中便有电流 i_2 通过，建立二次磁动势 i_2N_2，根据楞次定律，i_2N_2 将有改变铁心中原有主磁通 Φ 的趋势。但是，在电源电压 u_1 及其频率 f 一定时，铁心具有恒磁通特性，即主磁通 Φ 将基本保持不变。因此，一次绕组中的电流由 i_0 变到 i_1，使一次侧的磁动势由 i_0N_1 变成 i_1N_1，以抵消二次磁动势 i_2N_2 的作用。也就是说变压器接负载时的总磁动势应该与变压器空载时的磁动势基本相等，其磁动势平衡方程为

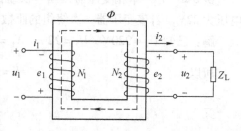

图 8-18　变压器的负载运行

$$i_1N_1 + i_2N_2 = i_0N_1$$

由于理想变压器是一种特殊的无损耗、全耦合（即耦合系数 $k=1$）的互感线圈，所以对所有变压器来说，一、二次绕组的有功功率相等，无功功率相等，视在功率也相等，即

$$U_1I_1 = U_2I_2$$

$$\frac{I_1}{I_2} = \frac{U_2}{U_1} = \frac{N_2}{N_1} = \frac{1}{k} \tag{8-13}$$

此式表明：变压器负载运行时，其一次绕组和二次绕组电流有效值之比与其匝数成反比，这就是变压器的变流原理。

（3）变压器的阻抗变换原理　在电子技术中，变压器的阻抗变换常用来达到阻抗匹配的目的，以使负载获得最大功率。如图 8-19a 所示电路中，若在变压器一次侧接上电源电压 u_1，二次侧接入负载阻抗 Z_L，则从一次侧看进去的输入阻抗 Z_i 为

$$|Z_i| = \frac{U_1}{I_1} = \frac{kU_2}{\frac{1}{k}I_2} = k^2\left(\frac{U_2}{I_2}\right) = k^2|Z_L| \tag{8-14}$$

此式表明：Z_i 的大小，不仅和变压器的负载阻抗有关，还与变压器的变压比 k 的平方成正比，这样，不管负载阻抗 Z_L 多大，只要选择适当的变压比，就能达到阻抗匹配（如图 8-19 所示）。可以看出：Z_i 实际上是在变压器二次侧接入负载阻抗 Z_L 后，在一次侧的等效阻抗。

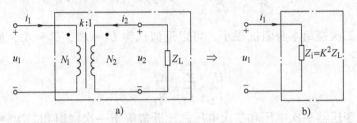

图 8-19 变压器变换阻抗

由式(8-14)可知，图 8-19a 所示含理想变压器电路一次侧等效电路如图 8-19b 所示，即理想变压器二次侧接负载 Z_L，对一次侧而言，相当于在一次侧接负载 $k^2 Z_L$，其中 $k^2 Z_L$ 称为二次侧对一次侧的折合阻抗。

例 8-2 有一单相变压器，当一次绕组接在 220V 的交流电源上时，测得二次绕组的端电压为 22V，若该变压器一次绕组的匝数为 2100 匝，求其电压比和二次绕组的匝数。

解：已知 $U_1 = 220\text{V}$，$U_2 = 22\text{V}$，$N_1 = 2100$ 匝

所以
$$k = \frac{U_1}{U_2} = \frac{220}{22} = 10$$

又
$$\frac{N_1}{N_2} = k = 10$$

所以
$$N_2 = \frac{N_1}{k} = \frac{2100}{10} = 210 \text{ 匝}$$

例 8-3 某晶体管收音机输出变压器的一次绕组匝数 $N = 230$ 匝，二次绕组匝数 $N = 80$ 匝，原来配有阻抗为 8Ω 的扬声器，现在要改接为 4Ω 的扬声器，问输出变压器二次绕组的匝数应如何变动（一次绕组匝数不变）。

解：设输出变压器二次绕组变动后的匝数为 N_2'

当 $R_L = 8\Omega$ 时

$$R_i = K^2 R_L = \left(\frac{230}{80}\right)^2 \times 8\Omega = 66.1\Omega$$

当 $R_L' = 4\Omega$ 时

$$R_i' = K'^2 R_L' = \left(\frac{230}{N_2'}\right)^2 \times 4\Omega = 66.1\Omega$$

根据题意 $R_i = R_i'$，即

$$66.1 = \frac{230^2}{(N_2')^2} \times 4$$

则
$$N'_2 = \sqrt{\frac{230^2 \times 4}{66.1}} \text{匝} = 56.6 \text{ 匝} \approx 57 \text{ 匝}$$

例 8-4 电路如图 8-20a 所示，如果要使 100Ω 电阻能获得最大功率，试确定理想变压器的变压比 k。

解： 已知负载 $R = 100\Omega$，故一次侧对二次侧的折合阻抗

$$Z_L = k^2 \times 100\Omega$$

电路可等效为如图 8-20b 所示的电路。由最大功率传输条件可知，当 $k^2 \times 100\Omega$ 等于电压源的串联电阻（或电源内阻）时，负载可获得最大功率，所以

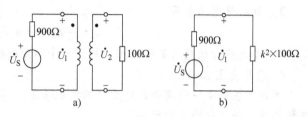

图 8-20 例 8-4 图

$$k^2 \times 100\Omega = 900$$

变压比 k 可为：
$$k = 3$$

本 章 小 结

1. 铁磁性物质

1）铁磁性物质内部存在着大量的磁畴。在没有外加磁场时，磁畴排列是杂乱无章的，各个磁畴的磁作用相互抵消，因此对外不显磁性。在外磁场作用下，磁畴会沿着外磁场方向偏转，以致在较强磁场作用下达到饱和。

2）磁滞回线是铁磁性物质所特有的磁特性。在交变磁场作用时，可获得一个对称于坐标原点的闭合回线，回线与纵轴的交点到原点的距离叫剩磁 B_r，与横轴的交点到原点的距离叫矫顽力 H_c。

3）磁滞回线族的正顶点连线叫基本磁化曲线。它表示了铁磁性物质的磁化性能，工程上常用它来作为计算的依据。常用铁磁材料的基本磁化曲线可在工程手册中查得。

4）铁磁材料的 **B-H** 曲线是非线性的，所以铁心磁路是非线性的。

2. 磁路定律

1）磁路欧姆定律：$\Phi = \dfrac{U_m}{R_m}$

磁压（磁位差）：$U_m = Hl$

磁阻：$R_m = \dfrac{l}{\mu s}$

2）磁路的基尔霍夫第一定律：$\sum \Phi = 0$

3）磁路的基尔霍夫第二定律：$\sum (Hl) = \sum (NI)$

3. 交流铁心线圈

1）交流铁心线圈是非线性元件，其电阻上的电压和漏抗上的电压相对于主磁通的感应电动势而言是很小的，所以它的电压近似等于主磁通的感应电动势，即

$$U \approx E = 4.44 fN\Phi_m$$

交流铁心线圈所加电压为正弦量时，主磁通的感应电动势可以看成是正弦量。由于磁饱

和的影响，如要产生正弦波的磁通，励磁电流应为尖顶波。

2）由于磁滞和涡流的影响引起铁心损耗，使电流波形发生畸变，并出现电流的有功分量 i_a。励磁电流 i 为有功分量电流 i_a 与磁化电流 i_M 之和，即

$$i = i_a + i_M$$

3）铁心线圈的电压

$$\dot{U} = -\dot{E} + (R + jX_S)\dot{I}$$

4）不计铁心损耗的铁心线圈，可用一个等效电感作为其电路模型。

4. 理想变压器

理想变压器是一种耦合电感元件的特殊情况，即无耗、全耦合（$k=1$），$L_1 = L_2 = \infty$ 三个理想条件而抽象出的多端元件。

理想变压器具有三个重要特性：

变压：$\dfrac{U_1}{U_2} = \dfrac{N_1}{N_2} = k$；变流：$\dfrac{I_1}{I_2} = \dfrac{N_2}{N_1} = \dfrac{1}{k}$；变阻抗：$|Z_i| = k^2 |Z_L|$。

思考题与习题

8-1 铁磁材料在磁化过程中有哪些特点？

8-2 试根据图 8-5 所示的 B-H 曲线，计算铸钢在 B 为 0.8T 及 1.4T 时的相对磁导率 μ_r。

8-3 一个具有均匀铁心的闭合线圈，其匝数为 300，铁心中的磁应强度为 0.9T，磁路的平均长度为 45cm，试求：（1）铁心材料为铸铁时线圈中的电流；（2）铁心材料为硅钢片时线圈中的电流。

8-4 有一环形铁心线圈，其内径为 10cm，外径为 15cm，铁心材料为铸钢。磁路中有一气隙，其长度等于 0.2cm。设线圈中通有 1A 的电流，如要得到 0.9T 的磁感应强度，试求线圈的匝数。

8-5 一个铁心线圈接到 $U_S = 100V$ 的工频正弦电压源时，铁心中磁通最大值 $\Phi_m = 2.25 \times 10^{-3}$Wb，试求该线圈匝数。如将该线圈接到 $U_S = 150V$ 的工频电压源，要保持 Φ_m 不变，试问线圈匝数应改为多少？

8-6 在如图 8-21 所示正弦电路中，$\omega L_1 = 8k\Omega$，$\omega L_2 = 2k\Omega$，$\omega M = 4k\Omega$，电源中电压 $U_S = 8\underline{/0°}$ V，当负载电阻为 1kΩ 时，图中电压表、电流表读数为多少？

8-7 在如图 8-22 所示电路中，求电压 U_2。

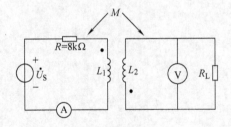

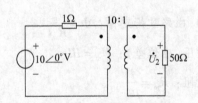

图 8-21 题 8-6 图   图 8-22 题 8-7 图

8-8 在如图 8-23 所示电路中，已知 $U_S = 8\underline{/0°}$ V，$\omega = 1$rad/s。（1）若变压比 $k = 2$，求电流 I_1 以及 R_L 上消耗的功率 P_L；（2）若变压比 k 可调整，问 $k = ?$ 时可使 R_L 上获得最大功率，并求出该最大功率 P_{Lmax}。

8-9 机床上的低压照明变压器，如图 8-24 所示，$U_1 = 220V$，$U_2 = 36V$（安全电压），现在在二次绕组上接入一个额定电压为 36V 的白织灯泡，电流表 A 的读数为 1.6A，试求一次电流 I_1。

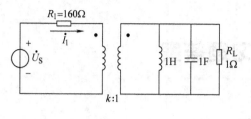

图 8-23 题 8-8 图

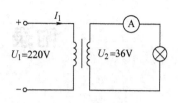

图 8-24 题 8-9 图

附录 部分习题答案

第 1 章

1-1 （1）40W，耗能；（2）-72W，供能

1-2 （1）24W，耗能；（2）-36W，供能

1-3 8W；-4W

1-4 75W；-50W

1-5 6V；-1V；6W

1-6 -2A；4A；1A；20W

1-7 11V；0.5A；4.5A；2.4Ω

1-8 7V

1-9 1A；2A；1A；10W，发出；15W，发出

1-10 1V；1V；0V

第 2 章

2-1 （1）$R_{ab}=10k\Omega$，$R_{ao}=15k$；（2）$V_b=10V$

2-2 $I=5A$；$U=25V$

2-3 $R_1=22.5k\Omega$；$R_2=475k\Omega$；$R_3=2000k\Omega$

2-4 $R_1=0.2778\Omega$；$R_2=27.5\Omega$；$R_3=250\Omega$

2-5 a）2Ω；b）10Ω

2-6 （1）24Ω；（2）24Ω

2-7 a）$I_S=2A$；$R_i=5\Omega$

b）$I_S=7A$；$R_i=2\Omega$

c）$U_S=20V$，$R_i=4\Omega$

d）$U_S=20V$；$R_i=2\Omega$

2-8 -3A；2A；1A

2-9 9.38A；8.75A；28.13A

2-10 -2A；0.5A；1.5A

2-11 1A

2-12 8.08A；1.92A；1.73A；5.19A

2-13 4A

2-14 16V；4Ω；-7V；12Ω

2-15 3A

2-16 $R=R_i=24\Omega$；$P_M=2.34W$

2-17 2.5V

2-18　3.57A

第 3 章

3-1　$u = 310\sin(314t + 30°)\,\text{V}$

3-2　8A；314rad/s；0.02s；50Hz

3-3　$i = 10\sin(\omega t + 60°)\,\text{A}$

3-4　$u = 100\sin(314t + 70°)\,\text{V}$；$i = 10\sin(314t - 20°)\,\text{A}$；90°；$u$ 超前 i 90°

3-5　10A；220V

3-6　537V

3-7　(1) $2.5 + j4.3$；(2) $j20$；(3) $31.7 - j14.8$；(4) $-110 + j190.5$；(5) $6 + j8$；(6) -100

3-8　(1) $10\,\underline{/36.9°}$；(2) $64.5\,\underline{/-60.3°}$；(3) $23.3\,\underline{/-121°}$；(4) $3.6\,\underline{/146.3°}$；(5) $13.4\,\underline{/-26.6°}$；(6) $8\,\underline{/90°}$

3-9　$9 + j8$；$3 + j12$；$42.1\,\underline{/25.4°}$；$3.2\,\underline{/92.7°}$

3-10　$18.7 - j12.3$；$200\,\underline{/-30°}$

3-11　(1) $220\,\underline{/0°}\,\text{V}$；(2) $10\,\underline{/30°}\,\text{V}$；(3) $5\,\underline{/-60°}\,\text{A}$

3-13　$5.7\sqrt{2}\sin(300t - 14.96°)\,\text{A}$

3-14　$311\sqrt{2}\sin(\omega t - 75°)\,\text{V}$

3-15　$2\sqrt{2}\sin(314t - 60°)\,\text{A}$

3-16　48.4Ω；4.5A

3-17　250W；$50\sqrt{2}\sin(314t + \pi/4)\,\text{V}$

3-18　18Ω；2688.9var；$12.2\sqrt{2}\sin(300t - 90°)\,\text{A}$

3-19　5kΩ

3-20　0.14H

3-21　$2\sqrt{2}\sin(100t + 90°)\,\text{A}$；800var

3-22　159.2Ω；15.92Ω

3-23　29μF

3-24　0A；11.3A；8A

3-25　141.4V；100V

3-26　$3.7\sqrt{2}\sin(\omega t - 60°)\,\text{A}$

3-27　$5\,\underline{/53.1°}\,\Omega$；44A；5808W

3-28　10Ω；62.4mH

3-29　60Ω

3-30　$4.4\,\underline{/60°}\,\text{A}$；$110\,\underline{/60°}\,\text{V}$；$190.5\,\underline{/-30°}\,\text{V}$

3-31　(1) $23.9\,\underline{/-65.3°}\,\Omega$, 容性；(2) $37.7\,\underline{/74.6°}\,\Omega$, 感性

第 4 章

4-1　$18.19\,\underline{/33.61°}\,\Omega$

4-2　94.62 $\underline{/65.66°}$ V

4-3　2.2 $\underline{/-21.87°}$ A

4-4　4.09 $\underline{/-68.2°}$ A；3.65 $\underline{/-94.8°}$ A；1.83 $\underline{/-4.8°}$ A

4-5　20Ω

4-6　14.14A

4-7　0.1 $\underline{/42.58°}$ S；10 $\underline{/42.58°}$ A

4-8　125W；125var；176.8V·A

4-9　0.45；78.6var

4-10　30Ω

4-11　13.18μF；92.31A；66.67A

4-12　0.85

4-13　10^4rad/s；2A；8kV；160

4-14　19.1mH；0.053μF

4-15　42.9Ω

4-16　0.38H

4-18　7H；3H

4-19　10^5rad/s；5H

4-20　155.5V

第 5 章

5-1　$\dot{U}_U = 220 \underline{/-30°}$ V；$\dot{U}_V = 220 \underline{/-150°}$ V；$\dot{U}_{UV} = 380 \underline{/0°}$ V；$\dot{U}_{VW} = 380 \underline{/-120°}$ V；
　　$\dot{U}_{WU} = 380 \underline{/120°}$ V

5-2　$\dot{I}_V = 10 \underline{/-150°}$ A；$\dot{I}_W = 10 \underline{/90°}$ A；$\dot{I}_U + \dot{I}_V + \dot{I}_W = 0$

5-3　220V；220V

5-4　$\dot{I}_{VU} = 10 \underline{/0°}$ A；$\dot{I}_{UW} = 10 \underline{/120°}$ A；$\dot{I}_U = 10\sqrt{3} \underline{/-30°}$ A；$\dot{I}_V = 10\sqrt{3} \underline{/-150°}$ A；
　　$\dot{I}_W = 10\sqrt{3} \underline{/90°}$ A

5-5　$\dot{I}_U = 5.5 \underline{/-60°}$ A；$\dot{I}_V = 5.5 \underline{/-180°}$ A；$\dot{I}_W = 5.5 \underline{/60°}$ A

5-6　$\dot{I}_U = 2.2 \underline{/0°}$ A；$\dot{I}_V = 2.2 \underline{/-120°}$ A；$\dot{I}_W = 2.2 \underline{/120°}$ A；$\dot{I}_N = 0$

5-7　$\dot{I}_{UV} = 1.9 \underline{/-60°}$ A；$\dot{I}_{VW} = 1.9 \underline{/-180°}$ A；$\dot{I}_{WU} = 1.9 \underline{/-60°}$ A；$\dot{I}_U = 3.3 \underline{/-90°}$ A；
　　$\dot{I}_V = 3.3 \underline{/150°}$ A；$\dot{I}_V = 3.3 \underline{/30°}$ A

5-8　(1) 2.2A，2.2A；(2) 3.8A，6.6A

5-9　22 $\underline{/0°}$ A；11 $\underline{/-120°}$ A；5.5 $\underline{/120°}$ A；14.6 $\underline{/-19.1°}$ A

5-10　11 $\underline{/-120°}$ A；5.5 $\underline{/120°}$ A；9.5 $\underline{/-150°}$ A

5-11　126V；252V；6.3A

5-12　3.8A；190V

5-14　6883.2W

5-15　0.87；3.4kW

5-16　5.4kW

第 6 章

6-7 $[0.16 + 0.082\sin(314t - 89.8°)]A$

6-8 22.4V

6-9 (1) $u = [1.5 + 4.2 \times 10^{-3}\sin(\omega t - 90°)]V$; (2) $u = (1.5 + 0.8\sin\omega t)V$

6-10 27.6V; 3.93A; 92.8W

6-11 (1) 72.5V

6-12 $i = I_0 + i_1 + i_3 = [1.95\cos(\omega t - 72.1°) + 0.12\cos(3\omega t + 93.2°)]A$; 19.2W

6-13 $i = I_0 + i_1 + i_3 = [15 + 34.6\sin(10t - 51.3°) + 3.1\sin(30t - 68°)]A$; 28.8A

6-14 $u_R = [100 + 1.15\sin(2\omega t - 87.5°) + 0.056\sin(4\omega t + 91.5°)]V$

第 7 章

7-2 (1) a) $i_1(0_+) = 0A$, $i_2(0_+) = 1.25A$, $i_c(0_+) = -1.25A$, $u_{R1}(0_+) = 0V$,
　　　　　$u_{R2}(0_+) = u_C(0_+) = 100V$;

　　　b) $i_1(0_+) = i_C(0_+) = 5A$, $i_2(0_+) = 0A$, $u_{R1}(0_+) = 100V$, $u_{R2}(0_+) = u_C(0_+) = 0V$;

　　　c) $i_1(0_+) = i_2(0_+) = 1A$, $i_L(0_+) = 0A$, $u_{R1}(0_+) = 20V$, $u_L(0_+) = u_{R2}(0_+) = 80V$;

　　　d) $i_L(0_+) = i_C(0_+) = 10A$, $i_R(0_+) = 0A$, $u_R(0_+) = u_C(0_+) = 0V$, $u_L(0_+) = 100V$

　　(2) a) $i_1(\infty) = i_2(\infty) = 1A$, $i_C(\infty) = 0A$, $u_{R1}(\infty) = 20V$, $u_C(\infty) = u_{R2}(\infty) = 80V$;

　　　b) $i_1(\infty) = i_2(\infty) = 1A$, $i_C(\infty) = 0A$, $u_{R1}(\infty) = 20V$, $u_C(\infty) = u_{R2}(\infty) = 80V$;

　　　c) $i_1(\infty) = 3.46A$, $i_2(\infty) = 0.38A$, $i_L(\infty) = 3.08A$, $u_{R1}(\infty) = 69.2V$, $u_{R2}(\infty)$
　　　　　$= u_R(\infty) = 30.8V$, $u_L(\infty) = 0V$;

　　　d) $i_L(\infty) = i_R(\infty) = 10A$, $i_C(\infty) = 0A$, $u_C(\infty) = u_R(\infty) = 100V$, $u_L(\infty) = 0V$

7-3 a) $u_C(0_+) = 6V$, $i_C(0_+) = 0.2A$;

　　b) $u_L(0_+) = -8V$, $i_L(0_+) = 2A$;

　　c) $u_C(0_+) = 0V$, $u_1(0_+) = 10V$, $i_1(0_+) = 0A$

7-4 $C = 1\mu F$

7-5 0.05s

7-6 $u_C = 100e^{-0.1t}V$, $i = -10^{-4}e^{-0.1t}A$

7-7 $u = 6e^{-560t}V$

7-8 $i_L = 2e^{-10t}A$

7-9 $u_C = 20(1 - e^{-25t})V$

7-10 $u_C = 60e^{-100t}V$; $i_1 = 12e^{-100t}mA$

7-11 (1) $u_C = 6(1 - e^{-5 \times 10^4 t})V$; (2) $u_C = 6V$

7-12 $i_L = (12 - 9e^{-100t})A$

7-13 $u_R = 12.1e^{-10(t-0.1)}V$

7-14 $i = (10 - 5e^{-2 \times 10^5 t})mA$

7-15 $u_C = (-5 + 15e^{-t})V$

7-16 $i = 2/3e^{-2t}A$; $u_C = -8e^{-2t}/3V$

7-17 $\quad i_1 = (2 - e^{-2t})\text{A};\ i_2 = (3 - 2e^{-2t})\text{A};\ i_L = (5 - 3e^{-2t})\text{A}$

7-18 $\quad i = 0.2e^{-50 \times 1000t}\text{A};\ u_{C1} = (30 - 10e^{-50 \times 1000t})\text{V};\ u_{C2} = (30 - 20e^{-50 \times 1000t})\text{V}$

7-19 $\quad$ 16ms

第 8 章

8-2 $\quad$ 1517；398

8-3 $\quad$ （1）15A；（2）0.39A

8-4 $\quad$ 1655

8-5 $\quad$ 200；300

8-6 $\quad$ 1.26V；0.707mA

8-7 $\quad$ 0.9998V

8-8 $\quad$ （1）0.4 $\underline{/0°}$ A，0.64W；（2）4，1W

8-9 $\quad$ 0.26A

参 考 文 献

[1] 邱关原. 电路[M]. 北京：人民教育出版社，1982.

[2] 李翰. 电路分析基础[M]. 北京：高等教育出版社，1991.

[3] 王兆奇. 电工基础[M]. 北京：机械工业出版社，2000.

[4] 毕卫红. 电路基础[M]. 北京：机械工业出版社，2001.

[5] 刘志民. 电路分析[M]. 西安：西安电子科技大学出版社，2002.

[6] 俞大光. 电路及磁路[M]. 北京：高等教育出版社，1986.

[7] 白乃平. 电工基础[M]. 西安：西安电子科技大学出版社，2002.

[8] 李树燕. 电路基础[M]. 北京：高等教育出版社，1994.

[9] 薛涛. 电工基础[M]. 北京：高等教育出版社，2001.